《数学中的小问题大定理》丛书（第二辑）

康托洛维奇不等式

佩捷 编著

◎ 反向型不等式

◎ Kantorovich 型不等式

◎ 双料冠军——康托洛维奇

◎ 康托洛维奇不等式的一个初等证明及一个应用

◎ 康托洛维奇不等式的初等证法

HITP
哈爾濱工業大學出版社
HARBIN INSTITUTE OF TECHNOLOGY PRESS

内容简介

本书从一道全国高中联赛试题谈起，详细介绍了康托洛维奇不等式的相关知识及应用。全书共分 3 章，读者可以较全面地了解这类问题的实质，并且还可以认识到它的其他学科中的应用。

本书适合中学生、中学教师以及数学爱好者阅读参考。

图书在版编目(CIP)数据

康托洛维奇不等式：从一道全国高中联赛试题谈起/佩捷编著. —哈尔滨：哈尔滨工业大学出版社，2014.4
(数学中的小问题大定理丛书)
ISBN 978-7-5603-4656-4

Ⅰ.①康… Ⅱ.①佩… Ⅲ.①不等式 Ⅳ.①O178

中国版本图书馆 CIP 数据核字(2014)第 051842 号

策划编辑 刘培杰 张永芹
责任编辑 张永芹 宋晓翠
出版发行 哈尔滨工业大学出版社
社　　址 哈尔滨市南岗区复华四道街 10 号 邮编 150006
传　　真 0451-86414749
网　　址 http://hitpress.hit.edu.cn
印　　刷 哈尔滨市石桥印务有限公司
开　　本 787mm×960mm 1/16 印张 9.75 字数 116 千字
版　　次 2014 年 4 月第 1 版 2014 年 4 月第 1 次印刷
书　　号 ISBN 978-7-5603-4656-4
定　　价 28.00 元

⊙

目录

反向型不等式

第1章

1.1 从全国高中数学联赛试题谈反向不等式

1.1.1 从一道联赛试题的证明谈起

1998 年全国高中数学联赛第二试的第二题为：

试题 设 $a_1, a_2, \cdots, a_n, b_1, b_2, \cdots, b_n \in [1,2]$，且 $\sum_{i=1}^{n} a_i^2 = \sum_{i=1}^{n} b_i^2$，求证

$$\sum_{i=1}^{n} \frac{a_i^3}{b_i} \leqslant \frac{17}{10} \sum_{i=1}^{n} a_i^2$$

它的证明“起点很低”，是从一个简单的不等式开始的.

一般地，在正数 x, y 的比 $\frac{y}{x} \in [m, M]$，$m > 0$ 时，有 $0 \leqslant (y - mx) \cdot (Mx - y)$，由此可得

$$(M+m)xy \geqslant y^2 + Mmx^2$$

现在取 $m=\frac{1}{2}, M=2, x=b_i, y=a_i$，可得

$$a_ib_i \geqslant \frac{2}{5}(a_i^2+b_i^2) \Rightarrow$$

$$\sum_{i=1}^{n} a_ib_i \geqslant \frac{2}{5}\left(\sum_{i=1}^{n} a_i^2 + \sum_{i=1}^{n} b_i^2\right) =$$

$$\frac{4}{5}\sum_{i=1}^{n} a_i^2 \tag{1}$$

再取 $x=\sqrt{a_ib_i}, y=\sqrt{\frac{a_i^3}{b_i}}$，得

$$\frac{5}{2}a_i^2 \geqslant a_ib_i + \frac{a_i^3}{b_i} \Rightarrow$$

$$\frac{5}{2}\sum_{i=1}^{n} a_i^2 \geqslant \sum_{i=1}^{n} a_ib_i + \sum_{i=1}^{n} \frac{a_i^3}{b_i} \tag{2}$$

结合式(1),(2) 得

$$\frac{5}{2}\sum_{i=1}^{n} a_i^2 \geqslant \frac{4}{5}\sum_{i=1}^{n} a_i^2 + \sum_{i=1}^{n} \frac{a_i^3}{b_i} \Rightarrow \sum_{i=1}^{n} \frac{a_i^3}{b_i} \leqslant \frac{17}{10}\sum_{i=1}^{n} a_i^2$$

当且仅当 n 为偶数，$a_1, a_2, \cdots, a_n$ 中有一半取 1，另一半取 2，$b_i=\frac{2}{a_i}$，$i=1,2,\cdots,n$ 时，等号成立.

这道试题具有“悠久”的历史背景，它与许多诸如 Schweitzer, Diaz-Metialf, Rennie 不等式相关，并且这些不等式都有一个共同的特点，它们都是所谓的反向不等式.

1.1.2 反向不等式

对于不等式 $2xy \leqslant x^2+y^2$ 我们大家都很熟悉，但对于反向不等式 $xy \geqslant c_1x^2+c_2y^2$ 都很陌生，其实这一直是不等式研究的一个热点.

早在 1914 年，P. Schweitzer 就首先证明了一个反向不等式.

Schweitzer 不等式　若 $0 < m \leqslant a_n \leqslant M, k = 1, \cdots, n$，则有不等式 $\left(\frac{1}{n}\sum_{k=1}^{n} a_k\right)\left(\frac{1}{n}\sum_{k=1}^{n}\frac{1}{a_k}\right) \leqslant \frac{(M+m)^2}{4Mm}$.

1925 年 G. Pólya 和 G. Szeyö 进一步将其推广如下：

Pólya-Szeyö 不等式　设 $0 < m_1 \leqslant a_k \leqslant M_1$，$0 < m_2 \leqslant b_k \leqslant M_2, k = 1, \cdots, n$，有

$$\frac{\left(\sum_{k=1}^{n} a_k^2\right)\left(\sum_{k=1}^{n} b_k^2\right)}{\left(\sum_{k=1}^{n} a_k b_k\right)} \leqslant \left(\frac{\sqrt{\frac{M_1 M_2}{m_1 m_2}} + \sqrt{\frac{m_1 m_2}{M_1 M_2}}}{2}\right)^2$$

当且仅当

$$k = \frac{\frac{M_1}{m_1}}{\frac{M_1}{m_1} + \frac{M_2}{m_2}} n, L = \frac{\frac{M_2}{m_2}}{\frac{M_1}{m_1} + \frac{M_2}{m_2}} n$$

是正整数，且数 $a_1, \cdots, a_n$ 中有 k 个等于 m，L 个等于 M_1，以及相应的数 b_k 分别等于 M_2 和 m_2 时，等号成立.

1948 年，苏联数学家康托洛维奇（Kantorovich 1912—　）在苏联《üspehi Mat. Nauk》上的一篇“Functional analysis and applied math ematics”论文中又将其推广为：

康托洛维奇不等式　设 $0 < m \leqslant \gamma_k \leqslant M, k = 1, \cdots, n$，有不等式

$$\left(\sum_{k=1}^{n} \gamma_k \mu_k^2\right)\left(\sum_{k=1}^{n} \frac{1}{\gamma_k}\mu_k^2\right) \leqslant \frac{1}{4}\left(\sqrt{\frac{M}{m}} + \sqrt{\frac{m}{M}}\right)^2\left(\sum_{k=1}^{n} u_k^2\right)^2$$

值得一提的是,康托洛维奇是一位天才数学家,从小就显示出非凡的数学天赋,14 岁进入列宁格勒大学,并成为斯米尔诺夫(Smirnor, Vladimir Ivanovič)等人主持的讨论班的积极参加者,20 岁开始担任教授工作,22 岁被正式任命为教授,23 岁未经答辩就被授予博士学位. 1949 年获苏联国家奖金,1959 年获列宁奖金,1975 年获诺贝尔经济学奖. 正是由于康托洛维奇的杰出表现,所以提到反向不等式便首推康托洛维奇不等式.

1959 年 W. Greub 和 W. Rheinboldt 证明了:

Greub-Rheinboldt 不等式 设 $0<m_1\leqslant a_k\leqslant M_1$, $0<m_2\leqslant b_k\leqslant M_2$, $k=1,\cdots,n$, 则

$$\left(\sum_{k=1}^{n}a_k^2u_k^2\right)\left(\sum_{k=1}^{n}b_k^2u_k^2\right)\leqslant \frac{(M_1M_2+m_1m_2)^2}{4m_1m_2M_1M_2}\left(\sum_{k=1}^{n}a_kb_ku_k^2\right)^2$$

1.1.3 康托洛维奇不等式的几种证法

一般,在中学范围内,康托洛维奇不等式常被简化为如下形式:

设 $a_i>0(i=1,2,\cdots,n)$, 且 $\sum_{i=1}^{n}a_i=1$, 又 $0<\lambda_1\leqslant\lambda_2\leqslant\cdots\leqslant\lambda_n$,则有

$$\left(\sum_{i=1}^{n}\lambda_ia_i\right)\left(\sum_{i=1}^{n}\frac{a_i}{\lambda_i}\right)\leqslant\frac{(\lambda_1+\lambda_n)^2}{4\lambda_1\lambda_n}$$

下面介绍几种简单证法.

证法 1 构造二次函数

$$f(x)=\left(\sum_{i=1}^{n}\frac{a_i}{\lambda_i}\right)x^2-\left(\frac{\lambda_1+\lambda_n}{\sqrt{\lambda_1\lambda_n}}\right)x+\left(\sum_{i=1}^{n}\lambda_ia_i\right)$$

则

$$f(\sqrt{\lambda_1\lambda_n})=(a_1\lambda_n+a_n\lambda_1+\sum_{i=2}^{n-1}a_i\frac{\lambda_1\lambda_n}{\lambda_i})-$$

$$(\lambda_1+\lambda_n)+(a_1\lambda_1+a_n\lambda_n+\sum_{i=2}^{n-1}a_i\lambda_i)=$$

$$-(\lambda_1+\lambda_n)(a_2+a_3+\cdots+a_{n-1})+$$

$$\sum_{i=2}^{n-1}(\frac{\lambda_1\lambda_n+\lambda_i^2}{\lambda_i})a_i=$$

$$\sum_{i=2}^{n-1}\frac{(\lambda_1-\lambda_i)(\lambda_n-\lambda_i)}{\lambda_i}\leqslant 0$$

由于 $f(x)$ 的开口向上，故抛物线必与 x 轴相交，从而判别式 $\Delta\geqslant 0$，故有

$$(\sum_{i=1}^{n}\lambda_i a_i)(\sum_{i=1}^{n}\frac{a_i}{\lambda_i})\leqslant\frac{(\lambda_1+\lambda_n)^2}{4\lambda_1\lambda_n}$$

证法2　要证原不等式成立，只需证不等式

$$2\sqrt{(\sum_{i=1}^{n}\lambda_i a_i)(\lambda_1\lambda_n\sum_{i=1}^{n}\frac{a_i}{\lambda_i})}-(\lambda_1+\lambda_n)\leqslant 0$$

由平均值不等式，有

$$\text{左边}\leqslant\sum_{i=1}^{n}\lambda_i a_i+\lambda_1\lambda_n\sum_{i=1}^{n}\frac{a_i}{\lambda_i}-(\lambda_1+\lambda_n)=$$

$$(\sum_{i=2}^{n}\lambda_i a_i+\lambda_1 a_1+\lambda_n a_n)+$$

$$(\lambda_n a_1+\lambda_1 a_n+\lambda_1\lambda_n\sum_{i=2}^{n-1}\frac{a_i}{\lambda_i})=$$

$$\sum_{i=2}^{n-1}\frac{\lambda_1\lambda_n+\lambda_i^2}{\lambda_i}a_i-$$

$$(\lambda_1+\lambda_n)(a_2+a_3+\cdots+a_n)=$$

$$\sum_{i=2}^{n-1}\frac{(\lambda_1-\lambda_i)(\lambda_n-\lambda_i)}{\lambda_i}a_i\leqslant 0$$

故原不等式成立.

证法 3 由$(\lambda_1-\lambda_i)(\lambda_n-\lambda_i)\leqslant 0$,有

$$(\lambda_1+\lambda_n)\lambda_i\geqslant\lambda_1\lambda_n+\lambda_i^2$$

两边同乘$\frac{a_i}{\lambda_i}$后再求和,并注意到$\sum\limits_{i=1}^{n}a_i=1$,得

$$\lambda_1+\lambda_n\geqslant\lambda_1\lambda_n\sum_{i=1}^{n}\frac{a_i}{\lambda_i}+\sum_{i=1}^{n}\lambda_i a_i$$

同除以$2\sqrt{\lambda_1\lambda_n}$后平方,并用平均值不等式,得

$$\frac{(\lambda_1+\lambda_n)^2}{4\lambda_1\lambda_n}\geqslant\frac{1}{4}(\sqrt{\lambda_1\lambda_n}\sum_{i=1}^{n}\frac{a_i}{\lambda_i}+\frac{1}{\sqrt{\lambda_1\lambda_n}}\sum_{i=1}^{n}\lambda_i a_i)^2\geqslant(\sum_{i=1}^{n}\frac{a_i}{\lambda_i})(\sum_{i=1}^{n}\lambda_i a_i)$$

昆明师院施恩伟给出如下简单证法:

证法 4 当$\lambda_1=\lambda_n$时,结论显然成立;当$\lambda_1\neq\lambda_n$时,令$a_i\lambda_i=u_i\lambda_1+v_i\lambda_n$,$i=1,2,\cdots,n$.易知$u_i\geqslant 0$,$v_i\geqslant 0$,而且

$$a_i^2=(a_i\lambda_i)(a_i\lambda_i^{-1})=u_i^2+u_iv_i(\frac{\lambda_1}{\lambda_n}+\frac{\lambda_n}{\lambda_1})+v_i^2\geqslant(u_i+v_i)^2$$

从而有$a_i\geqslant u_i+v_i$,因此可得到

$$(u+v)^2\leqslant(\sum a_i)^2=1\quad(u=\sum u_i,v=\sum v_i)$$

所以

$$(\sum a_i\lambda_i)(\sum a_i\lambda_i^{-1})=$$
$$(\sum u_i\lambda_1+\sum v_i\lambda_n)(\sum u_i\lambda_1^{-1}+\sum v_i\lambda_n^{-1})=$$

$$u^2+uv\left(\frac{\lambda_1}{\lambda_n}+\frac{\lambda_n}{\lambda_1}\right)+v^2=$$

$$(u+v)^2+uv\,\frac{(\lambda_1-\lambda_n)^2}{\lambda_1\lambda_n}\leqslant$$

$$(u+v)^2+\frac{(u+v)^2}{4}\cdot\frac{(\lambda_1-\lambda_n)^2}{\lambda_1\lambda_n}\leqslant$$

$$\frac{(\lambda_1+\lambda_n)^2}{4\lambda_1\lambda_n}$$

康托洛维奇不等式的矩阵形式为：设 $\boldsymbol{Q}$ 为 $n\times n$ 阶正定矩阵，a,A 为 $\boldsymbol{Q}$ 的最小及最大特征值，则对任一矢量 $\boldsymbol{X}$ 有

$$\frac{(\boldsymbol{X}'\boldsymbol{Q}\boldsymbol{X})(\boldsymbol{X}'\boldsymbol{Q}^{-1}\boldsymbol{X})}{(\boldsymbol{X}'\boldsymbol{X})^2}\leqslant\frac{(a+A)^2}{4aA}$$

1.1.4　三个竞赛试题

反向不等式最早出现在数学竞赛中是在 1977 年的美国第六届奥林匹克试题.

试题 1　如果 a,b,c,d,e 是介于 p 和 q 之间的五个正数，就是 $0<p\leqslant a,b,c,d,e\leqslant q$，求证

$$(a+b+c+d+e)\left(\frac{1}{a}+\frac{1}{b}+\frac{1}{c}+\frac{1}{d}+\frac{1}{e}\right)\leqslant$$

$$25+6\left(\sqrt{\frac{p}{q}}-\sqrt{\frac{q}{p}}\right)^2$$

且确定何时等式成立.

这个题出得很好，因为它并不是 Schweitzer 不等式当 $n=5$ 时的特例. 当 $n=5$ 时，Schweitzer 不等式为

$$\left[\frac{1}{5}(a+b+c+d+e)\right]\cdot$$

$$\left[\frac{1}{5}\left(\frac{1}{a}+\frac{1}{b}+\frac{1}{c}+\frac{1}{d}+\frac{1}{e}\right)\right]\leqslant\frac{(p+q)^2}{4pq}\Rightarrow$$

$$(a+b+c+d+e)\left(\frac{1}{a}+\frac{1}{b}+\frac{1}{c}+\frac{1}{d}+\frac{1}{e}\right)\leqslant$$

$$25\left[\frac{4pq+(p^2-2pq+q^2)}{4pq}\right]=$$

$$25+\frac{25}{4}\left(\sqrt{\frac{p}{q}}-\sqrt{\frac{q}{p}}\right)^2$$

而$\frac{25}{4}>6$,所以 Schweitzer 不等式在 $n=5$ 时弱于试题 1,所以必须做更细致的分析,我们在此介绍两种证法.

证法 1 假定 a,b,c,d 是给定的,那么要求 e 使

$$(u+e)\left(v+\frac{1}{e}\right)=uv+1+ev+\frac{u}{e}$$

最大,其中

$$u=a+b+c+d$$

$$v=\frac{1}{a}+\frac{1}{b}+\frac{1}{c}+\frac{1}{d}$$

因为 $$ev+\frac{u}{e}=\left(\sqrt{ev}-\sqrt{\frac{u}{e}}\right)^2+2\sqrt{uv}$$

故当$\sqrt{ev}=\sqrt{\frac{u}{e}}$,即 $e=\sqrt{\frac{u}{v}}$ 时,上式取最小值,并且当由$\sqrt{\frac{u}{v}}$ 开始逐渐增加或减小时 $ev+\frac{u}{e}$ 的值都单调地上升,于是当 e 等于 p 或 q 时,$ev+\frac{u}{e}$ 取到最大值.

同理可知,当 a,b,c,d,e 取极端值 p 或 q 时,$(a+b+c+d+e)\left(\frac{1}{a}+\frac{1}{b}+\frac{1}{c}+\frac{1}{d}+\frac{1}{e}\right)$ 取得它的最大值.

设 a,b,c,d,e 中有 k 个取值 p 和 $5-k$ 个取值 q,我们希望确定 k 使

$$(kp+(5-k)q)(\frac{k}{p}+\frac{5-k}{q})$$

最大，这个式子等于

$$k^2+(5-k)^2+k(5-k)(\frac{p}{q}+\frac{q}{p})=$$

$$k(5-k)(\sqrt{\frac{p}{q}}-\sqrt{\frac{q}{p}})^2+25$$

当正整数 $k=2$ 或 3 时，上式最大，所以

$$(a+b+c+d+e)(\frac{1}{a}+\frac{1}{b}+\frac{1}{c}+\frac{1}{d}+\frac{1}{e})\leqslant$$

$$25+6(\sqrt{\frac{p}{q}}-\sqrt{\frac{q}{p}})^2$$

当 a,b,c,d,e 中有两数或三数等于 p，其余等于 q 时，等式就成立.

证法 2　由 Lagrange 恒等式

$$(a_1^2+a_2^2+\cdots+a_n^2)(b_1^2+b_2^2+\cdots+b_n^2)=$$

$$(a_1b_1+a_2b_2+\cdots+a_nb_n)^2+\sum(a_ib_j-a_jb_i)^2$$

得

$$(a+b+c+d+e)(\frac{1}{a}+\frac{1}{b}+\frac{1}{c}+\frac{1}{d}+\frac{1}{e})=$$

$$25+\sum(\sqrt{\frac{a}{b}}-\sqrt{\frac{b}{a}})^2 \tag{3}$$

当 $A,B\geqslant 1$ 时，$(A^2-1)(B^2-1)+(\frac{1}{A^2}-1)\cdot(\frac{1}{B^2}-1)\geqslant 0$，从而

$$(A-\frac{1}{A})^2+(B-\frac{1}{B})^2\leqslant(AB-\frac{1}{AB})^2$$

不妨设 $a\leqslant b\leqslant c\leqslant d\leqslant e$，运用上式得

$$\left(\sqrt{\frac{e}{d}}-\sqrt{\frac{d}{e}}\right)^2+\left(\sqrt{\frac{d}{a}}-\sqrt{\frac{a}{d}}\right)^2\leqslant\left(\sqrt{\frac{e}{a}}-\sqrt{\frac{a}{e}}\right)^2$$

$$\left(\sqrt{\frac{e}{c}}-\sqrt{\frac{c}{e}}\right)^2+\left(\sqrt{\frac{c}{a}}-\sqrt{\frac{a}{c}}\right)^2\leqslant\left(\sqrt{\frac{e}{a}}-\sqrt{\frac{a}{e}}\right)^2$$

$$\left(\sqrt{\frac{e}{b}}-\sqrt{\frac{b}{e}}\right)^2+\left(\sqrt{\frac{b}{a}}-\sqrt{\frac{a}{b}}\right)^2\leqslant\left(\sqrt{\frac{e}{a}}-\sqrt{\frac{a}{e}}\right)^2$$

$$\left(\sqrt{\frac{d}{c}}-\sqrt{\frac{c}{d}}\right)^2+\left(\sqrt{\frac{c}{b}}-\sqrt{\frac{b}{c}}\right)^2\leqslant\left(\sqrt{\frac{d}{b}}-\sqrt{\frac{b}{d}}\right)^2$$

从而式(3)右边小于或等于 $25+6(\sqrt{\frac{q}{p}}-\sqrt{\frac{p}{q}})^2$，当且仅当 a,b,c,d,e 中有两个或三个取 q，其余取 p 时，等号成立.

证法 3 用凸函数理论，令

$$F(a,b,c,d,e)=(a+b+c+d+e)\cdot\left(\frac{1}{a}+\frac{1}{b}+\frac{1}{c}+\frac{1}{d}+\frac{1}{e}\right)$$

那么当 a,b,c,d,e 中五个数固定时，$F(a,b,c,d,e)$ 是剩下的那个变量的下凸函数. 所以 $F(a,b,c,d,e)$ 是每个变量的下凸函数，于是只有当 a,b,c,d,e 取极端值 p 和 q 时 $F(a,b,c,d,e)$ 才能达到最大. 以下同证法 1.

以上三种证法都具有一般性，可以将试题 1 推广到一般情况：

设 $0<p\leqslant a_k\leqslant q,k=1,2,\cdots,n$，则

$$\left(\sum_{k=1}^{n}a_k\right)\left(\sum_{k=1}^{n}\frac{1}{a_k}\right)\leqslant n^2+\left[\frac{n}{2}\right]\left[\frac{n+1}{2}\right]\left(\sqrt{\frac{p}{q}}-\sqrt{\frac{q}{p}}\right)^2$$

试题 2 若数 $x_1,x_2,\cdots,x_n\in[a,b]$，其中 $0<a<b$. 证明不等式

$$(x_1+x_2+\cdots+x_n)(\frac{1}{x_1}+\frac{1}{x_2}+\cdots+\frac{1}{x_n})\leqslant$$

$$\frac{(a+b)^2}{4ab}n^2$$

(1978年第十二届全苏数学奥林匹克九年级题7)

这就是 Schweitzer 不等式的简单变形.

1.1.5 利用几何凸函数证明 Schweitzer 不等式

1992年浙江电视大学海宁学院的张小明提出了几何凸函数的概念,并借此给出了一个新证明.

我们先介绍控制的概念:

定义1 设向量 $\boldsymbol{x}=(x_1,x_2,\cdots,x_n)\in\mathbf{R}^n$, $x_{[1]}$, $x_{[2]},\cdots,x_{[n]}$ 表示 $\boldsymbol{x}$ 中分量的递减重排,若对于 $\boldsymbol{x},\boldsymbol{y}\in\mathbf{R}^n$,有

$$\sum_{i=1}^{k}x_{[i]}\geqslant\sum_{i=1}^{k}y_{[i]},k=1,2,\cdots,n-1$$

$$\sum_{i=1}^{n}x_{[i]}=\sum_{i=1}^{n}y_{[i]}$$

则称 $\boldsymbol{x}$ 控制 $\boldsymbol{y}$,记为 $\boldsymbol{x}\succ\boldsymbol{y}$.

再介绍几何凸概念:

定义2 设 $f(x)$ 在区间 I 上有定义,如果对于任意 $x_1,x_2\in I$,有 $f(\sqrt{x_1x_2})\leqslant\sqrt{f(x_1)f(x_2)}$,那么称 $f(x)$ 在 I 上是几何下凸的;若不等式反向,则称 $f(x)$ 在 I 上是几何上凸的.

几何凸函数理论只有与控制不等式理论相结合,才能发挥巨大作用,为此还需引入以下定义:

定义3 设 $\boldsymbol{x}=(x_1,x_2,\cdots,x_n)\in E\subseteq\mathbf{R}_+^n$, $\boldsymbol{y}=(y_1,y_2,\cdots,y_n)\in E$,把 $\boldsymbol{x},\boldsymbol{y}$ 中的分量从大到小重排列

后,记为$(x_{[1]},x_{[2]},\cdots,x_{[n]})$和$(y_{[1]},y_{[2]},\cdots,y_{[n]})$,若有

$$\begin{cases}\prod_{i=1}^{k} x_{[i]} \geqslant \prod_{i=1}^{k} y_{[i]}, k=1,2,\cdots,n-1 \\ x_1 x_2 \cdots x_n = y_1 y_2 \cdots y_n\end{cases}$$

则称$(x_1,x_2,\cdots,x_n)$对数控制$(y_1,y_2,\cdots,y_n)$,记为$\ln \boldsymbol{x} \succ \ln \boldsymbol{y}$.

为证明 Schweitzer 不等式我们先证一个引理:

引理 存在自然数k_0,$1 \leqslant k_0 \leqslant n-1$,使得

$$\ln(\underbrace{M,\cdots,M}_{k_0\text{个}},\frac{s^n}{m^{n-k_0-1}M^{k_0}},m,\cdots,m) \succ \ln(a_1,a_2,\cdots,a_n)$$

证明 由于$m^{n-1}M \leqslant s^n \leqslant mM^{n-1}$,$s^n$在递减数组$\{m^{n-1}M,\cdots,m^{n-k}M^k,\cdots,mM^{n-1}\}$的两个数之间,设$m^{n-k_0}M^{k_0} \leqslant s^n \leqslant m^{n-k_0-1}M^{k_0+1}$,往证

$$\ln(\underbrace{M,\cdots,M}_{k_0\text{个}},\frac{s^n}{m^{n-k_0-1}M^{k_0}},m,\cdots,m) \succ \ln(a_1,a_2,\cdots,a_n)$$

不妨设$M=a_1 \geqslant a_2 \geqslant \cdots \geqslant a_n = m > 0$,当$i \leqslant k_0$时,显然有

$$M^i \geqslant a_1 \cdots a_i$$

当$i=k_0+1$时,有

$$s^n = a_1 \cdots a_{k_0+1} \cdots a_n$$

$$s^n \geqslant a_1 \cdots a_{k_0+1} \cdots a_i m^{n-i}$$

$$\underbrace{M\cdots M}_{k_0\text{个}} \frac{s^n}{m^{n-k_0-1}M^{k_0}} \geqslant a_1 \cdots a_{k_0+1}$$

当$i > k_0+1$时,有

$$s^n = a_1 \cdots a_{k_0+1} \cdots a_n$$

$$s^n \geqslant a_1 \cdots a_{k_0+1} m^{n-i}$$

$$\underbrace{M \cdots M}_{k_0 \text{个}} \frac{s^n}{m^{n-k_0-1} M^{k_0}} m^{i-k_0-1} \geqslant a_1 \cdots a_{k_0+1} \cdots a_i$$

至此引理得证.

下面我们来证明 Schweitzer 不等式.

设 $0 < m \leqslant a_i \leqslant M, i = 1, 2, \cdots, n$,则

$$\left(\frac{1}{n}\sum_{i=1}^{n} a_i\right)\left(\frac{1}{n}\sum_{i=1}^{n} \frac{1}{a_i}\right) \leqslant \frac{(M+m)^2}{4Mm}$$

证明　不妨设 m, M 为 $a_i (i = 1, 2, \cdots, n)$ 的最小值和最大值,因为 $a_i, \frac{1}{a_i}, i = 1, 2, \cdots, n$,都是几何凸函数,所以 $\sum_{i=1}^{n} a_i, \sum_{i=1}^{n} \frac{1}{a_i}$ 为几何凸函数,$\frac{1}{n}\sum_{i=1}^{n} a_i, \frac{1}{n}\sum_{i=1}^{n} \frac{1}{a_i}$ 为几何凸函数. 由引理知 $(\underbrace{M, \cdots, M}_{k_0 \text{个}}, \frac{s^n}{m^{n-k_0-1} M^{k_0}}, m, \cdots, m)$ 对数控制 $(a_1, a_2, \cdots, a_n)$,所以有

$$\left(\frac{1}{n}\sum_{i=1}^{n} a_i\right)\left(\frac{1}{n}\sum_{i=1}^{n} \frac{1}{a_i}\right) \leqslant$$

$$\frac{1}{n^2}\left[k_0 M + (n - k_0 - 1)m + \frac{s^n}{m^{n-k_0-1} M^{k_0}}\right] \cdot$$

$$\left[\frac{k_0}{M} + \frac{n - k_0 - 1}{m} + \frac{m^{n-k_0-1} M^{k_0}}{s^n}\right]$$

$$\left(\frac{1}{n}\sum_{i=1}^{n} a_i\right)\left(\frac{1}{n}\sum_{i=1}^{n} \frac{1}{a_i}\right) \leqslant$$

$$\frac{1}{n^2}\left[k_0^2 + (n - k_0 - 1)^2 + 1 + \right.$$

$$k_0 (n - k_0 - 1)\left(\frac{m}{M} + \frac{M}{m}\right) +$$

$$\frac{s^n}{m^{n-k_0-1}M^{k_0}}](\frac{k_0}{M}+\frac{n-k_0-1}{m}+$$

$$\frac{m^{n-k_0-1}M^{k_0}}{s^n})[k_0M+(n-k_0-1)m]$$

因

$$f(t)=\frac{t}{m^{n-k_0-1}M^{k_0}}(\frac{k_0}{M}+\frac{n-k_0-1}{m})+$$

$$\frac{m^{n-k_0-1}M^{k_0}}{t}[k_0M+(n-k_0-1)m]$$

在$(0,+\infty)$上只有一个极小值，所以对于$f(s^n)$和$m^{n-k_0}M^{k_0}\leqslant s^n\leqslant m^{n-k_0-1}M^{k_0+1}$，有

$$f(s^n)\leqslant f(m^{n-k_0}M^{k_0})=$$

$$m(\frac{k_0}{M}+\frac{n-k_0-1}{m})+$$

$$\frac{1}{m}[k_0M+(n-k_0-1)m]=$$

$$k_0(\frac{m}{M}+\frac{M}{m})+2(n-k_0-1)$$

与

$$f(s^n)\leqslant f(m^{n-k_0-1}M^{k_0+1})=M(\frac{k_0}{M}+\frac{n-k_0-1}{m})+$$

$$\frac{1}{M}[k_0M+(n-k_0-1)m]=$$

$$(n-k_0-1)(\frac{m}{M}+\frac{M}{m})+2k_0$$

之一成立.即有

$$(\frac{1}{n}\sum_{i=1}^{n}a_i)(\frac{1}{n}\sum_{i=1}^{n}\frac{1}{a_i})\leqslant$$

$$\frac{1}{n^2}[k_0^2+(n-k_0-1)^2+1+$$

$$k_0(n-k_0-1)(\frac{m}{M}+\frac{M}{m})+$$

$$k_0(\frac{m}{M}+\frac{M}{m})+2(n-k_0-1)] \quad (4)$$

与

$$(\frac{1}{n}\sum_{i=1}^{n}a_i)(\frac{1}{n}\sum_{i=1}^{n}\frac{1}{a_i})\leqslant$$

$$\frac{1}{n^2}[k_0^2+(n-k_0-1)^2+1+$$

$$k_0(n-k_0-1)(\frac{m}{M}+\frac{M}{m})+$$

$$(n-k_0-1)(\frac{m}{M}+\frac{M}{m})+2k_0] \quad (5)$$

之一成立. 对于式(4),右边为 k_0 的一元二次多项式,考虑其二次项系数 $-(\frac{m}{M}+\frac{M}{m}-2)$ 和一次项系数 $n(\frac{m}{M}+\frac{M}{m}-2)$;对于式(5),右边为 k_0 的一元二次多项式,考虑其二次项系数 $-(\frac{m}{M}+\frac{M}{m}-2)$ 和一次项系数 $(n-2)(\frac{m}{M}+\frac{M}{m}-2)$,利用抛物线的极大值点的性质,有

$$(\frac{1}{n}\sum_{i=1}^{n}a_i)(\frac{1}{n}\sum_{i=1}^{n}\frac{1}{a_i})\leqslant$$

$$\frac{1}{n^2}[(\frac{n}{2})^2+(n-\frac{n}{2}-1)^2+$$

$$1+\frac{n}{2}(n-\frac{n}{2}-1)(\frac{m}{M}+\frac{M}{m})+$$

$$\frac{n}{2}(\frac{m}{M}+\frac{M}{m})+2(n-\frac{n}{2}-1)]=$$

$$\frac{1}{2}+\frac{1}{4}(\frac{m}{M}+\frac{M}{m})=\frac{(M+m)^2}{4Mm}$$

或

$$(\frac{1}{n}\sum_{i=1}^{n}a_i)(\frac{1}{n}\sum_{i=1}^{n}\frac{1}{a_i})\leqslant$$

$$\frac{1}{n^2}[(\frac{n-2}{2})^2+(n-\frac{n-2}{2}-1)^2+1+$$

$$\frac{n-2}{2}(n-\frac{n-2}{2}-1)(\frac{m}{M}+\frac{M}{m})+$$

$$(n-\frac{n-2}{2}-1)(\frac{m}{M}+\frac{M}{m})+2\frac{n-2}{2}]=$$

$$\frac{1}{2}+\frac{1}{4}(\frac{m}{M}+\frac{M}{m})=\frac{(M+m)^2}{4Mm}$$

这就证明了所言不等式. 我们还可以把 Schweitzer 不等式加强为:

定理 设 $0<m\leqslant a_i\leqslant M,i=1,2,\cdots,n$,则当 n 为偶数时,有

$$(\frac{1}{n}\sum_{i=1}^{n}a_i)(\frac{1}{n}\sum_{i=1}^{n}\frac{1}{a_i})\leqslant\frac{(M+m)^2}{4Mm}$$

当 n 为奇数时,有

$$(\frac{1}{n}\sum_{i=1}^{n}a_i)(\frac{1}{n}\sum_{i=1}^{n}\frac{1}{a_i})\leqslant\frac{(M+m)^2}{4Mm}-\frac{(M-m)^2}{4n^2Mm}$$

证明 分析一下式(4)和式(5),当 n 为奇数时,自然数 k_0 取不到 $\frac{n}{2}$ 和 $\frac{n-2}{2}$,只能在 $\frac{n-1}{2}$ 处取到最大值,此时

$$(\frac{1}{n}\sum_{i=1}^{n}a_i)(\frac{1}{n}\sum_{i=1}^{n}\frac{1}{a_i})\leqslant$$

$$\frac{1}{n^2}[(\frac{n-1}{2})^2+(n-\frac{n-1}{2}-1)^2+1+$$

$$\frac{n-1}{2}(n-\frac{n-1}{2}-1)(\frac{m}{M}+\frac{M}{m})+$$

$$\frac{n-1}{2}(\frac{m}{M}+\frac{M}{m})+2(n-\frac{n-1}{2}-1)]=$$

$$\frac{1}{2}+\frac{1}{4}(\frac{m}{M}+\frac{M}{m})+\frac{1}{2n^2}-\frac{1}{4n^2}(\frac{m}{M}+\frac{M}{m})=$$

$$\frac{(M+m)^2}{4Mm}-\frac{(M-m)^2}{4n^2Mm}$$

或

$$(\frac{1}{n}\sum_{i=1}^{n}a_i)(\frac{1}{n}\sum_{i=1}^{n}\frac{1}{a_i})\leqslant$$

$$\frac{1}{n^2}[(\frac{n-1}{2})^2+(n-\frac{n-1}{2}-1)^2+$$

$$1+\frac{n-1}{2}(n-\frac{n-1}{2}-1)(\frac{m}{M}+\frac{M}{m})+$$

$$(n-\frac{n-1}{2}-1)(\frac{m}{M}+\frac{M}{m})+2(\frac{n-1}{2})]=$$

$$\frac{1}{2}+\frac{1}{4}(\frac{m}{M}+\frac{M}{m})+\frac{1}{2n^2}-\frac{1}{4n^2}(\frac{m}{M}+\frac{M}{m})=$$

$$\frac{(M+m)^2}{4Mm}-\frac{(M-m)}{4n^2Mm}$$

命题得证.

1.1.6　康托洛维奇不等式特例的证明

试题　已知 $0\leqslant a_1$，$0\leqslant a_2$，$0\leqslant a_3$，$a_1+a_2+a_3=1$，$0<\lambda_1<\lambda_2<\lambda_3$，求证：下面不等式成立

$$(a_1\lambda_1+a_2\lambda_2+a_3\lambda_3)(\frac{a_1}{\lambda_1}+\frac{a_2}{\lambda_2}+\frac{a_3}{\lambda_3})\leqslant$$

$$\frac{(\lambda_1+\lambda_3)^2}{4\lambda_1\lambda_3}$$

（1979年北京市高中竞赛第二试试题5）

此题为康托洛维奇不等式的 $n=3$ 时的特例，证明参见 1.1.3. 下面再介绍两种中学生更易于接受的证法.

证法 1 由 $a_1+a_2+a_3=1$ 得

$$a_2+a_3=1-a_1$$

$$a_1(a_2+a_3)=a_1(1-a_1)\leqslant\frac{1}{4}$$

所以
$$a_1a_2\leqslant\frac{1}{4}-a_3a_1$$

同理
$$a_2a_3\leqslant\frac{1}{4}-a_3a_1$$

另一方面

$$\frac{\lambda_1}{\lambda_3}+\frac{\lambda_3}{\lambda_1}-2=(\lambda_3-\lambda_1)(\frac{1}{\lambda_1}-\frac{1}{\lambda_3})=$$

$$[(\lambda_3-\lambda_2)+(\lambda_2-\lambda_1)][(\frac{1}{\lambda_1}-\frac{1}{\lambda_2})+(\frac{1}{\lambda_2}-\frac{1}{\lambda_3})]\geqslant$$

$$(\lambda_3-\lambda_2)(\frac{1}{\lambda_2}-\frac{1}{\lambda_3})+(\lambda_2-\lambda_1)(\frac{1}{\lambda_1}-\frac{1}{\lambda_2})$$

所以

$$(\frac{\lambda_2}{\lambda_1}+\frac{\lambda_1}{\lambda_2}-2)+(\frac{\lambda_3}{\lambda_2}+\frac{\lambda_2}{\lambda_3}-2)\leqslant(\frac{\lambda_1}{\lambda_3}+\frac{\lambda_3}{\lambda_1}-2)$$

于是

$$\frac{(\lambda_1+\lambda_3)^2}{4\lambda_1\lambda_3}-(a_1\lambda_1+a_2\lambda_2+a_3\lambda_3)(\frac{a_1}{\lambda_1}+\frac{a_2}{\lambda_2}+\frac{a_3}{\lambda_3})=$$

$$\frac{(\lambda_1+\lambda_3)^2}{4\lambda_1\lambda_3}-[a_1^2+a_2^2+a_3^2+a_1a_2(\frac{\lambda_2}{\lambda_1}+\frac{\lambda_1}{\lambda_2})+$$

$$a_2a_3(\frac{\lambda_3}{\lambda_2}+\frac{\lambda_2}{\lambda_3})+a_3a_1(\frac{\lambda_1}{\lambda_3}+\frac{\lambda_3}{\lambda_1})]=$$

$$\frac{(\lambda_1+\lambda_3)^2}{4\lambda_1\lambda_3}-[a_1^2+a_2^2+a_3^2+2a_1a_2+$$

$$2a_2a_3+2a_3a_1+a_1a_2(\frac{\lambda_2}{\lambda_1}+\frac{\lambda_1}{\lambda_2}-2)+$$

$$a_2a_3(\frac{\lambda_3}{\lambda_2}+\frac{\lambda_2}{\lambda_3}-2)+a_3a_1(\frac{\lambda_1}{\lambda_3}+\frac{\lambda_3}{\lambda_1}-2)]=$$

$$\frac{(\lambda_1+\lambda_3)^2}{4\lambda_1\lambda_3}-(a_1+a_2+a_3)^2-a_1a_2(\frac{\lambda_2}{\lambda_1}+\frac{\lambda_1}{\lambda_2}-2)-$$

$$a_2a_3(\frac{\lambda_3}{\lambda_2}+\frac{\lambda_2}{\lambda_3}-2)-a_3a_1(\frac{\lambda_1}{\lambda_3}+\frac{\lambda_3}{\lambda_1}-2)=$$

$$\frac{(\lambda_1+\lambda_3)^2}{4\lambda_1\lambda_3}-1-a_1a_2(\frac{\lambda_2}{\lambda_1}+\frac{\lambda_1}{\lambda_2}-2)-$$

$$a_2a_3(\frac{\lambda_3}{\lambda_2}+\frac{\lambda_2}{\lambda_3}-2)-a_3a_1(\frac{\lambda_1}{\lambda_3}+\frac{\lambda_3}{\lambda_1}-2)=$$

$$\frac{1}{4}(\frac{\lambda_1}{\lambda_3}+\frac{\lambda_3}{\lambda_1}-2)-a_1a_2(\frac{\lambda_2}{\lambda_1}+\frac{\lambda_1}{\lambda_2}-2)-$$

$$a_2a_3(\frac{\lambda_3}{\lambda_2}+\frac{\lambda_2}{\lambda_3}-2)-a_3a_1(\frac{\lambda_1}{\lambda_3}+\frac{\lambda_3}{\lambda_1}-2)\geqslant$$

$$(\frac{1}{4}-a_3a_1)(\frac{\lambda_1}{\lambda_3}+\frac{\lambda_3}{\lambda_1}-2)-(\frac{1}{4}-a_3a_1)\cdot$$

$$[(\frac{\lambda_2}{\lambda_1}+\frac{\lambda_1}{\lambda_2}-2)+(\frac{\lambda_3}{\lambda_2}+\frac{\lambda_2}{\lambda_3}-2)]\geqslant$$

$$(\frac{1}{4}-a_3a_1)(\frac{\lambda_1}{\lambda_3}+\frac{\lambda_3}{\lambda_1}-2)-$$

$$(\frac{1}{4}-a_3a_1)(\frac{\lambda_1}{\lambda_3}+\frac{\lambda_3}{\lambda_1}-2)=0$$

所以有

$$(a_1\lambda_1+a_2\lambda_2+a_3\lambda_3)(\frac{a_1}{\lambda_1}+\frac{a_2}{\lambda_2}+\frac{a_3}{\lambda_3})\leqslant$$

$$\frac{(\lambda_1+\lambda_3)^2}{4\lambda_1\lambda_3}$$

成立.

证法1是演绎推证的,不便于推广为一般形式的证明，我们再介绍利用数学归纳法的证明：

证法 2　(1) 当 $n=2$ 时，$a_1+a_2=1$，且 $0<\lambda_1\leqslant\lambda_2$，则

$$(\lambda_1a_1+\lambda_2a_2)\left(\frac{a_1}{\lambda_1}+\frac{a_2}{\lambda_2}\right)=a_1^2+a_2^2+\frac{\lambda_1^2+\lambda_2^2}{\lambda_1\lambda_2}a_1a_2=$$

$$(a_1+a_2)^2+a_1a_2\left(\frac{\lambda_1^2+\lambda_2^2}{\lambda_1\lambda_2}-2\right)=$$

$$1+a_1a_2\frac{(\lambda_1-\lambda_2)^2}{\lambda_1\lambda_2}\leqslant$$

$$1+\frac{(\lambda_1-\lambda_2)^2}{4\lambda_1\lambda_2}=\frac{(\lambda_1+\lambda_2)^2}{4\lambda_1\lambda_2}$$

其中，由于 $(a_1+a_2)^2=1$，$a_1^2+a_2^2\geqslant 2a_1a_2$，所以

$$0<a_1a_2\leqslant\frac{1}{4}$$

即 $n=2$ 时，命题成立.

假设 $n=k$ 时命题为真，今考虑 $n=k+1$ 的情形，下面分两种情况考虑：

i) 若 $\lambda_{k+1}=\lambda_k$，注意到

$$\left(\sum_{i=1}^{k+1}\lambda_ia_i\right)\left(\sum_{i=1}^{k+1}\frac{a_i}{\lambda_i}\right)=$$

$$\left(\sum_{i=1}^{k-1}\lambda_ia_i+\lambda_ka_k+\lambda_{k+1}a_{k+1}\right)\left(\sum_{i=1}^{k-1}\frac{a_i}{\lambda_i}+\frac{a_k}{\lambda_k}+\frac{a_{k+1}}{\lambda_{k+1}}\right)=$$

$$\left[\sum_{i=1}^{k-1}\lambda_ia_i+\lambda_k(a_k+a_{k+1})\right]\cdot$$

$$\left[\sum_{i=1}^{k-1}\frac{a_i}{\lambda_i}+\frac{1}{\lambda_k}(a_k+a_{k+1})\right]$$

显然化为 $n=k$ 的情形，只需注意到这时 $a'_k=a_k+a_{k+1}$ 即可.

ii) 若 $\lambda_k<\lambda_{k+1}$ 且 $\lambda_k\neq\lambda_1$(否则可化为i)的情形)，我们先来证明存在 x 满足

$$\lambda_k \leqslant \lambda_1 x + (1-x)\lambda_{k+1} \tag{6}$$

$$\frac{1}{\lambda_k} = \frac{x}{\lambda_1} + \frac{1-x}{\lambda_{k+1}} \tag{7}$$

由式(7)解得

$$x = \left(\frac{1}{\lambda_k} - \frac{1}{\lambda_{k+1}}\right) / \left(\frac{1}{\lambda_1} - \frac{1}{\lambda_{k+1}}\right) = \frac{\lambda_1}{\lambda_k} \cdot \frac{\lambda_{k+1} - \lambda_k}{\lambda_{k+1} - \lambda_1}$$

又由式(6)有 $x(\lambda_1 - \lambda_{k+1}) \geqslant \lambda_k - \lambda_{k+1}$，注意到 $\lambda_1 - \lambda_{k+1} < 0$，故有 $x \leqslant \frac{\lambda_k - \lambda_{k+1}}{\lambda_1 - \lambda_{k+1}}$，因此$\frac{\lambda_1}{\lambda_k} < 1$，显然满足式(7)的 x 必满足式(6).

下面我们回到命题的证明

$$\begin{aligned}
&\left(\sum_{i=1}^{k+1} \lambda_i a_i\right)\left(\sum_{i=1}^{k+1} \frac{a_i}{\lambda_i}\right) = \\
&\left(\sum_{i=2}^{k-1} \lambda_i a_i + \lambda_1 a_1 + \lambda_k a_k + \lambda_{k+1} a_{k+1}\right) \cdot \\
&\left(\sum_{i=2}^{k-1} \frac{a_i}{\lambda_i} + \frac{a_1}{\lambda_1} + \frac{a_k}{\lambda_k} + \frac{a_{k+1}}{\lambda_{k+1}}\right) \leqslant \\
&\left\{\sum_{i=2}^{k-1} \lambda_i a_i + \lambda_1 a_1 + [\lambda_1 x + \lambda_{k+1}(1-x)] a_k + \lambda_{k+1} a_{k+1}\right\} \cdot \\
&\left\{\sum_{i=2}^{k-1} \frac{a_i}{\lambda_i} + \frac{a_1}{\lambda_1} + \left[\frac{x}{\lambda_1} + \frac{1-x}{\lambda_{k+1}}\right] a_k + \frac{a_{k+1}}{\lambda_{k+1}}\right\} = \\
&\left\{\sum_{i=2}^{k-1} \lambda_i a_i + \lambda_1 (a_1 + x a_k) + \lambda_{k+1}[(1-x) a_k + a_{k+1}]\right\} \cdot \\
&\left\{\sum_{i=2}^{k-1} \frac{a_i}{\lambda_i} + \frac{1}{\lambda_1}(a_1 + x a_k) + \frac{1}{\lambda_{k+1}}[(1-x) a_k + a_{k+1}]\right\}
\end{aligned}$$

此时又可化为 $n=k$ 的情形.

综上，当 $n=k+1$ 时命题亦真，根据归纳假设可知

$$\left(\sum_{i=1}^{n} \lambda_i a_i\right)\left(\sum_{i=1}^{n} \frac{a_i}{\lambda_i}\right) \leqslant \frac{(\lambda_1 + \lambda_n)^2}{4\lambda_1 \lambda_n}$$

成立.

为了强调数学各分支之间的联系，我们给出下面的几何证法：

证法 3　如图 1 所示，在平面直角坐标系中，设点 A_i 的坐标为$(\lambda_i,\frac{1}{\lambda_i})(i=1,2,\cdots,n)$.

又设 M 的坐标为$(\sum_{i=1}^{n}\lambda_i a_i,\sum_{i=1}^{n}\frac{a_i}{\lambda_i})$，由于 $\lambda_1\leqslant x_M=\sum_{i=1}^{n}\lambda_i a_i\leqslant\lambda_n$，$\frac{1}{\lambda_1}\geqslant y_M=\sum_{i=1}^{n}\frac{a_i}{\lambda_i}\geqslant\frac{1}{\lambda_n}$，故 $M(x_M,y_M)$ 在各边平行于坐标轴的矩形 A_1BA_nC 内. 直线 A_1A_n 的方程是

$$\frac{y-\frac{1}{\lambda_1}}{\frac{1}{\lambda_n}-\frac{1}{\lambda_1}}-\frac{x-\lambda_1}{\lambda_n-\lambda_1}=0$$

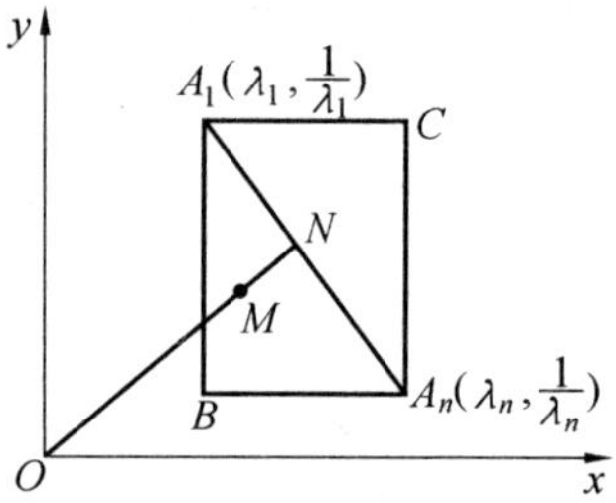

图 1

因为 $O(0,0)$，$M(x_M,y_M)$ 代入方程左边符号皆为正，故 O，M 在 A_1A_n 同侧，又 M 在 $\mathrm{Rt}\triangle A_1BA_n$ 内，连接 OM 并延长交 A_1A_n 于 N，显然有 $x_My_M\leqslant x_Ny_N$，再命 $\frac{A_nN}{NA_1}=m$，则 $x_N=\frac{x_n+m\lambda_1}{1+m}$，$y_N=\frac{\frac{1}{\lambda_n}+\frac{m}{\lambda_1}}{1+m}$，故

$$x_Ny_N=\frac{\lambda_n+m\lambda_1}{1+m}\cdot\frac{\frac{1}{\lambda_n}+\frac{m}{\lambda_1}}{1+m}=$$
$$\frac{1}{\lambda_1\lambda_n(1+m)^2}(\lambda_n+m\lambda_1)(\lambda_1+m\lambda_n)\leqslant$$
$$\frac{1}{\lambda_1\lambda_n(1+m)^2}\left(\frac{\lambda_n+m\lambda_1+\lambda_1+m\lambda_n}{2}\right)^2=$$
$$\frac{(\lambda_1+\lambda_n)^2}{4\lambda_1\lambda_n}$$

由此得 $x_My_M\leqslant\frac{(\lambda_1+\lambda_n)^2}{4\lambda_1\lambda_n}$. 证毕.

另外在《数学实践与认识》(1985.4) 上昆明师院的施恩伟还给出了一个初等证法.

1.1.7　一个集训队试题

在 1.1.1 中试题 1 的系数$\frac{17}{10}$是怎么求得的？它是最小的吗？其实早在 1996 年中国数学奥林匹克国家集训队试题中已解决了这个问题.

试题　求最小正数 λ，使对任意 $n\geqslant 2$ 和 $a_i,b_i\in[1,2](i=1,2,\cdots,n)$ 且 $b_1,\cdots,b_n$ 是 $a_1,\cdots,a_n$ 的一个排列，都有

$$\sum_{i=1}^{n}\frac{a_i^3}{b_i}\leqslant\lambda\cdot\sum_{i=1}^{n}a_i^2$$

(1996 年国家集训队试题)

解　由于$\frac{1}{2}\leqslant\frac{a_i}{b_i}\leqslant 2$，从而

$$\left(\frac{1}{2}b_i-a_i\right)(2b_i-a_i)\leqslant 0\Rightarrow b_i^2+a_i^2\leqslant\frac{5}{2}a_ib_i\Rightarrow$$

$$\sum_{i=1}^{n}a_ib_i\geqslant\frac{2}{5}\left(\sum_{i=1}^{n}a_i^2+\sum_{i=1}^{n}b_i^2\right)=\frac{4}{5}\sum_{i=1}^{n}a_i^2\qquad(8)$$

由于 $a_i^2=\sqrt{\frac{a_i^3}{b_i}}\cdot\sqrt{a_ib_i}$，且 $\sqrt{\frac{a_i^3}{b_i}}/\sqrt{a_ib_i}=\frac{a_i}{b_i}\in[\frac{1}{2},2]$，利用 1.1.6 中的式(6)，仍有

$$\sum_{i=1}^{n}a_i^2=\sum_{i=1}^{n}\sqrt{\frac{a_i^3}{b_i}}\cdot\sqrt{a_ib_i}\geqslant\frac{2}{5}(\sum_{i=1}^{n}\frac{a_i^3}{b_i}+\sum_{i=1}^{n}a_ib_i)\geqslant$$
$$\frac{2}{5}\sum_{i=1}^{n}\frac{a_i^3}{b_i}+\frac{2}{5}\cdot\frac{4}{5}\cdot\sum_{i=1}^{n}a_i^2$$

由此可得

$$\sum_{i=1}^{n}\frac{a_i^3}{b_i}\leqslant\frac{17}{10}\cdot\sum_{i=1}^{n}a_i^2\tag{9}$$

当 $n=2k$ 时，取 $a_1=\cdots=a_k=1,a_{k+1}=\cdots=a_n=2,b_i=\frac{2}{a_i}$，则

$$\sum_{i=1}^{n}\frac{a_i^3}{b_i}=\frac{17}{10}\sum_{i=1}^{n}a_i^2$$

于是当 $n=2k$ 时，所求的 $\lambda=\frac{17}{10}$.

当 $n=2k+1(k\in\mathbf{N})$ 时，不妨设 $a_1\geqslant a_2\geqslant\cdots\geqslant a_n$，由排序不等式，不妨设

$$b_i=a_{n+1-i},i=1,2,\cdots,n$$

由式(9) 可得

$$\sum_{i=1}^{k}\frac{a_i^3}{b_i}+\sum_{i=k+2}^{2k+1}\frac{a_i^3}{b_i}\leqslant\frac{17}{10}\cdot(\sum_{i=1}^{k}a_i^2+\sum_{i=k+2}^{2k+1}a_i^2)$$

所以

$$\sum_{i=1}^{n}\frac{a_i^3}{b_i}\leqslant\frac{17}{10}\cdot(\sum_{i=1}^{k}a_i^2+\sum_{i=k+2}^{2k+1}a_i^2)+a_{k+1}^2\tag{10}$$

原题转化为求 m，使得

$$\sum_{i=1}^{n}\frac{a_i^3}{b_i}\leqslant m\cdot\sum_{i=1}^{n}a_i^2,m\in(1,\frac{17}{10})$$

由式(10)，得

$$\sum_{i=1}^{n}\frac{a_i^3}{b_i}\leqslant m\cdot\sum_{i=1}^{n}a_i^2+\left(\frac{17}{10}-m\right)\left(\sum_{i=1}^{k}a_i^2+\sum_{i=k+2}^{2k+1}a_i^2\right)-(m-1)\cdot a_{k+1}^2 \tag{11}$$

因为

$$a_{k+1}^2\geqslant\frac{1}{4}a_i^2,1\leqslant i\leqslant k$$

$$a_{k+1}^2\geqslant a_j^2,k+2\leqslant j\leqslant n$$

所以 $$a_{k+1}^2\geqslant\frac{1}{5k}\left(\sum_{i=1}^{k}a_i^2+\sum_{i=k+2}^{2k+1}a_i^2\right)$$

代回式(11)得

$$\sum_{i=1}^{n}\frac{a_i^3}{b_i}\leqslant$$

$$m\sum_{i=1}^{n}a_i^2+\left(\frac{17}{10}-m-\frac{m-1}{5k}\right)\left(\sum_{i=1}^{k}a_i^2+\sum_{i=k+2}^{n}a_i^2\right)$$

令$\frac{17}{10}-m-\frac{m-1}{5k}=0$，得 $m=\frac{17k+2}{10k+2}$，故

$$\sum_{i=1}^{n}\frac{a_i^3}{b_i}\leqslant\frac{17k+2}{10k+2}\sum_{i=1}^{n}a_i^2$$

当 $a_1=\cdots=a_{k+1}=1,a_{k+2}=\cdots=a_n=2,b_i=\frac{2}{a_i}$ 时取等号，即

$$\lambda_{\min}=\frac{17\left[\frac{n}{2}\right]+1+(-1)^{n+1}}{10\left[\frac{n}{2}\right]+1+(-1)^{n+1}}$$

$$n\geqslant 2,n\in\mathbf{N}$$

1.1.8　反向不等式的进一步加强与推广

邵剑波将反向不等式中 Pólya－Szegö 不等式进一步推广为：

邵剑波不等式 设 $0<m_1\leqslant a_i\leqslant M_1$，$0<m_2\leqslant b_i\leqslant M_2$，$i=1,2,\cdots,n$，则

$$\left(\sqrt{\frac{m_2M_2}{m_1M_1}}\sum_{i=1}^{n}a_i^2\right)+\left(\sqrt{\frac{m_1M_1}{m_2M_2}}\sum_{i=1}^{n}b_i^2\right)\leqslant$$
$$\left(\sqrt{\frac{M_1M_2}{m_1m_2}}+\sqrt{\frac{m_1m_2}{M_1M_2}}\right)\sum_{i=1}^{n}a_ib_i \tag{12}$$

当且仅当有 k 个 a_i 与 m_1 重合，其余 $n-k$ 个 a_i 与 M_1 重合，而相应的 b_i 分别与 M_2，m_2 重合时，不等式取等号.

证明 因 $m_1\leqslant a_i\leqslant M_1$，$m_2\leqslant b_i\leqslant M_2$，所以 $\frac{m_1}{M_2}\leqslant\frac{a_i}{b_i}\leqslant\frac{M_1}{M_2}(i=1,2,\cdots,n)$，于是有

$$\sum_{i=1}^{n}\left[m_2M_2a_i^2-(m_1m_2+M_1M_2)a_ib_i+m_1M_1b_i^2\right]=$$
$$\sum_{i=1}^{n}m_2M_2b_i^2\left(\frac{a_i}{b_i}-\frac{M_1}{m_2}\right)\left(\frac{a_i}{b_i}-\frac{m_1}{M_2}\right)\leqslant 0$$

即

$$m_2M_2\sum_{i=1}^{n}a_i^2+m_1M_1\sum_{i=1}^{n}b_i^2\leqslant(m_1m_2+M_1M_2)\sum_{i=1}^{n}a_ib_i$$

上式两边同除以 $\sqrt{m_1m_2M_1M_2}$，即得式(12).

显然，当式(12)取等号时，有

$$\left(\frac{a_i}{b_i}-\frac{M_1}{m_2}\right)\left(\frac{a_i}{b_i}-\frac{m_1}{M_2}\right)=0,i=1,2,\cdots,n$$

设有 k 个 $\frac{a_i}{b_i}$ 与 $\frac{m_1}{M_2}$ 重合，其余 $l=n-k$ 个与 $\frac{M_1}{m_2}$ 重合，由 $\frac{a_i}{b_i}=\frac{m_1}{M_2}$ 得 $1\leqslant\frac{a_i}{m_1}=\frac{b_i}{M_2}\leqslant 1$，故 $a_i=m_1$，$b_i=M_2$，即有 k 个 a_i 与 m_1 重合，k 个 b_i 与 M_2 重合，同样，其余 l 个 a_i 与 M_1 重合，l 个 b_i 与 m_2 重合.

反之,当有 k 个 a_i 与 m_1 重合,其余 $n-k$ 个 a_i 与 M_1 重合,而相应的 b_i 分别与 M_2,m_2 重合时,式(12) 等号显然成立.

因为

$$2\sqrt{\sum_{i=1}^{n}a_i^2\sum_{i=1}^{n}b_i^2}\leqslant\sqrt{\frac{m_2M_2}{m_1M_1}}\sum_{i=1}^{n}a_i^2+\sqrt{\frac{m_1M_1}{m_2M_2}}\sum_{i=1}^{n}b_i^2$$

故由式(12) 可得

$$2\sqrt{\sum_{i=1}^{n}a_i^2\sum_{i=1}^{n}b_i^2}\leqslant\left(\sqrt{\frac{M_1M_2}{m_1m_2}}+\sqrt{\frac{m_1m_2}{M_1M_2}}\right)\sum_{i=1}^{n}a_ib_i$$

上式两边平方并变形.

1963 年 J. B. Diaz 和 F. T. Metcalf 证明了:

Diaz－Metcalf 不等式　设 $a_i(\neq 0)$ 和 $b_i(i=1,2,\cdots,n)$ 为实数,且

$$m\leqslant\frac{b_i}{a_i}\leqslant M,i=1,2,\cdots,n \tag{13}$$

则有

$$\sum_{i=1}^{n}b_i^2+mM\sum_{i=1}^{n}a_i^2\leqslant(M+m)\sum_{i=1}^{n}a_ib_i \tag{14}$$

其中当且仅当式(13) 中 n 个不等式的每一个至少有一边取等号时式(14) 中等号成立,即对每一个 i,或者 $b_i=ma_i$,或者 $b_i=Ma_i$.

证明　由式(13) 知,$\left(\frac{b_i}{a_i}-m\right)\left(M-\frac{b_i}{a_i}\right)a_i^2\geqslant 0$. 令 $i=1,2,\cdots,n$,然后将此 n 个不等式相加,得

$$\sum_{i=1}^{n}(b_i-ma_i)(Ma_i-b_i)\geqslant 0 \tag{15}$$

即 $\sum_{i=1}^{n}[b_i^2-(M+m)a_ib_i+mMa_i^2]\leqslant 0$,由此即得式(14).

特别在式(14)中令 $m=\frac{m_2}{M_1},M=\frac{M_2}{m_1}$($m_1,m_2,M_1$,$M_2$ 表示的意义与邵剑波不等式相同),得

$$\left(\frac{M_2}{m_1}+\frac{m_2}{M_1}\right)\sum_{i=1}^{n}a_ib_i\leqslant\sum_{i=1}^{n}b_i^2+\frac{m_2}{M_1}\cdot\frac{M_2}{m_1}\sum_{i=1}^{n}a_i^2$$

将此不等式与 $\left[\left(\sum_{i=1}^{n}b_i^2\right)^{\frac{1}{2}}-\left(\frac{m_2}{M_1}\cdot\frac{M_2}{m_1}\sum_{i=1}^{n}a_i^2\right)^{\frac{1}{2}}\right]^2\geqslant 0$ 相加并整理,得

$$\frac{\left(\sum_{i=1}^{n}a_i^2\right)\left(\sum_{i=1}^{n}b_i^2\right)}{\left(\sum_{i=1}^{n}a_ib_i\right)^2}\leqslant\frac{1}{4}\frac{M_1m_1}{M_2m_2}\left(\frac{M_1M_2+m_1m_2}{M_1m_1}\right)^2$$

由

$$\frac{1}{4}\left(\sqrt{\frac{M_1M_2}{m_1m_2}}+\sqrt{\frac{m_1m_2}{M_1M_2}}\right)^2=$$

$$\frac{1}{4}\frac{M_1m_1}{M_2m_2}\left(\frac{M_1M_2+m_1m_2}{M_1m_1}\right)^2$$

故 Pólya－Szegö 不等式成立.

W. Specht 还证明了如下更一般的结论:

W. Specht 不等式 若记 $Mn^{[r]}(a,p)=\left(\sum_{k=1}^{n}p_ka_k^r\right)^{\frac{1}{r}}$,其中 $\sum_{k=1}^{n}p_k=1$,则

$$\frac{Mn^{[s]}(a,p)}{Mn^{[r]}(a,p)}\leqslant\left(\frac{r}{q^r-1}\right)^{\frac{1}{s}}\left(\frac{q^s-1}{s}\right)^{\frac{1}{r}}\left(\frac{q^s-q^r}{s-r}\right)^{\frac{1}{s}-\frac{1}{r}}$$

这里 $0<m\leqslant a_k\leqslant M(k=1,\cdots,n),q=\frac{M}{m},s>r,sr\neq 0$,对 $s=1$ 和 $r=-1$,W. Specht 不等式变为康托洛维奇不等式.

1964 年 A. J. Goldman 从下面的 A. J. Goldman

不等式推出了 W. Specht 不等式.

A. J. Goldman 不等式　若 $sr<0$,则

$$(M^s-m^s)Mn^{[r]}(a,p)^r-(M^r-m^r)Mn^{[s]}(a,p)^s\leqslant M^sm^r-M^rm^s$$

对 $sr>0$,反向不等式成立.

1963 年 B. C. Rennie,1964 年 A. W. Marshall, I. Olkin 又分别证明了 A. J. Goldman 不等式.

当 $s=1$ 和 $r=1$ 时,A. J. Goldman 不等式变成下列:

B. C. Rennie 不等式

$$\sum_{k=1}^{n}p_ka_k+mM\sum_{k=1}^{n}\frac{p_k}{a_k}\leqslant m+M$$

1964 年 F. T. Metcalf 证明了 B. C. Rennie 不等式等价于 J. B. Diaz－F. T. Metcalf 不等式.

1.1.9　推广到复数和积分形式

1963 年 J. B. Diaz 和 F. T. Metcalf 证明了如下复数下的反向不等式:

定理 1　设 $a_k\neq 0$ 和 $b_k(k=1,\cdots,n)$ 是满足

$$m\leqslant \mathrm{Re}\frac{b_k}{a_k}+\mathrm{Im}\frac{b_k}{a_k}\leqslant M,k=1,\cdots,n \tag{16}$$

$$m\leqslant \mathrm{Re}\frac{b_k}{a_k}-\mathrm{Im}\frac{b_k}{a_k}\leqslant M,k=1,\cdots,n \tag{17}$$

的复数,则有

$$\sum_{k=1}^{n}|b_k|^2+mM\sum_{k=1}^{n}|a_k|^2\leqslant(M+m)\mathrm{Re}\sum_{k=1}^{n}a_k\bar{b}_k\leqslant |M+m|\left|\sum_{k=1}^{n}a_k\bar{b}_k\right|$$

定理 2　设复数 $a_k(\neq 0),b_k(k=1,\cdots,n),m$ 和 M 满足

$$\operatorname{Re} m+\operatorname{Im} m \leqslant \operatorname{Re} \frac{b_k}{a_k}+\operatorname{Im} \frac{b_k}{a_k} \leqslant \operatorname{Re} M+\operatorname{Im} M$$

$$k=1,2,\cdots,n$$

$$\operatorname{Re} m-\operatorname{Im} m \leqslant \operatorname{Re} \frac{b_k}{a_k}-\operatorname{Im} \frac{b_k}{a_k} \leqslant \operatorname{Re} M-\operatorname{Im} M$$

$$k=1,2,\cdots,n$$

则

$$\sum_{k=1}^{n} | b_k |^2+(\operatorname{Re}(m\overline{M}))\sum_{k=1}^{n} | a_k |^2 \leqslant$$

$$\operatorname{Re}((M+m)\sum_{k=1}^{n} a_k\bar{b}_k) \leqslant | M+m | | \sum_{k=1}^{n} a_k\bar{b}_k |$$

反向不等式大多伴随着积分形式,下面我们列举几个.

定理 3 若函数 $x \mapsto f(x)$ 和 $x \mapsto \frac{1}{f(x)}$ 在$[a,b]$上可积,并在$[a,b]$上 $0<m \leqslant f(x) \leqslant M$,则

$$\int_a^b f(x)\mathrm{d}x\int_a^b \frac{1}{f(x)}\mathrm{d}x \leqslant \frac{(M+m)^2}{4Mm}(b-a)^2$$

定理 4 设 f 和 g 是$[a,b]$上的实值平方可积函数,假设对几乎处处的 $x \in [a,b]$,有

$$m \leqslant \frac{g(x)}{f(x)} \leqslant M, f(x) \neq 0$$

$$\int_a^b g(x)^2\mathrm{d}x+Mm\int_a^b f(x)^2\mathrm{d}x \leqslant$$

$$(M+m)\int_a^b f(x)g(x)\mathrm{d}x$$

定理 5 设函数 $x \mapsto f(x)^p$ 和 $x \mapsto g(x)^q$(其中 $\frac{1}{p}+\frac{1}{q}=1, p>1$) 是$[a,b]$上可积的正函数,并设在$[a,b]$上有

$$0<m_1 \leqslant f(x) \leqslant M_1<+\infty$$

$$0 < m_2 \leqslant g(x) \leqslant M_2 < +\infty$$

则

$$\left(\int_a^b f(x)^p \mathrm{d}x\right)^{\frac{1}{p}} \left(\int_a^b g(x)^q \mathrm{d}x\right)^{\frac{1}{q}} \leqslant$$

$$C_p \int_a^b f(x) g(x) \mathrm{d}x$$

这里

$$C_p =$$

$$\frac{M_1^p M_2^q - m_1^p m_2^q}{(p m_2 M_2 (M_1 M_2{}^{q-1} - m_1 m_2{}^{q-1}))^{\frac{1}{p}} (q m_1 M_1 (M_2 M_1^{p-1} - m_2 m_1^{p-1}))^{\frac{1}{q}}}$$

Z. Nehari 不等式 设 $f_1, \cdots, f_n$ 是实区间 $[a,b]$ 上的实值非负凹函数，若 $p_k > 0, k = 1, \cdots, n$ 和 $p_1^{-1} + \cdots + p_n^{-1} = 1$，则

$$\prod_{k=1}^{n} \left(\int_a^b f_k(x)^{p_k} \mathrm{d}x\right)^{p_k^{-1}} \leqslant C_n \int_a^b \left(\prod_{k=1}^{n} f_k(x)\right) \mathrm{d}x$$

这里 $$C_n = \frac{(n+1)!}{\left(\left[\frac{n}{2}\right]!\right)^2 \prod_{k=1}^{n} (p_k + 1)^{1/p_k}}$$

其中等号成立，当且仅当对于 $\left[\frac{n}{2}\right]$ 个下标 k，$f_k(x) = x$；对于其他下标 k，$f_k(x) = 1 - x$.

设 $f:(0,\infty) \to [0,1]$ 为单调减函数，满足 $I(f) = \int_0^{\infty} f(x) \mathrm{d}x$ 收敛，以 M 表示这类函数的集，由 $f, g \in M$，数性积 $(f,g) = I(fg)$ 收敛，Cauchy-Schwarz 不等式以及 $0 \leqslant f(x) \leqslant 1$，推知

$$(f,g) \leqslant \min(I(f), I(g), (f,f)^{\frac{1}{2}}, (g,g)^{\frac{1}{2}}), f, g \in M$$

1977 年 D. Zagier 得到了反向不等式

$$(f,g) \geqslant \frac{(f,f)(g,g)}{\max(I(f), I(g))}, f, g \in M$$

1995 年第 10 期《美国数学月刊》发表了一个更为一般的结果

$$(f,g) \geqslant \frac{(f,F)(g,G)}{\max(I(F),I(G))}$$

其中 f 与 g 为$[0,\infty)$上非负单调减函数，对任何可积函数(不必单调)，函数 F,G 为任何可积函数(不必单调)$(0,\infty) \to [0,1]$.

这个不等式在经济学中用于已知两部分人的各自数量，平均收入及各自的 G_in_i 系数，要估计总体的 G_in_i 系数.

此外在 Hilbert 空间，Bunach 空间还有许多推广，已超出我们考虑的范围，不一一介绍.

关于 Kantorovich 不等式的一些有趣的推广可参见 1969 年 E. Beck 发表在《Monatsh. Math》(73，289-308) 上的文章.

1.2 Kantorovich 不等式的矩阵形式

在前面，我们证明了如下的 Kantorovich 不等式

$$\frac{\boldsymbol{x}^*\boldsymbol{A}\boldsymbol{x}\boldsymbol{x}^*\boldsymbol{A}^{-1}\boldsymbol{x}}{(\boldsymbol{x}^*\boldsymbol{x})^2} \leqslant \frac{(\lambda_1+\lambda_n)^2}{4\lambda_1\lambda_n}$$

其中 $\boldsymbol{A}$ 为 $n \times n$ 正定 Hermite 阵，λ_1 和 λ_n 分别为 $\boldsymbol{A}$ 的最大和最小特征值. 若 $\boldsymbol{x}^*\boldsymbol{x}=1$，则上面的不等式可以改写为

$$\boldsymbol{x}^*\boldsymbol{A}^{-1}\boldsymbol{x} \leqslant \frac{(\lambda_1+\lambda_n)^2}{4\lambda_1\lambda_n}(\boldsymbol{x}^*\boldsymbol{A}\boldsymbol{x})^{-1}$$

Marshall 和 Olkin(1990) 把这个不等式推广到 $\boldsymbol{x}$ 为矩阵的情形. 为了证明他们的结果，我们需要如下引理.

引理 设 $a>0$，则对任意的 $x\in[a,b]$，总有

$$\frac{1}{x}\leqslant\frac{a+b}{ab}-\frac{x}{ab}\tag{1}$$

证明 因为函数 $f(x)=x^{-1}$ 是 $[a,b]$ 上的凸函数，于是对任意的 $\alpha\in[0,1]$，有

$$f(\alpha a+(1-\alpha)b)\leqslant\alpha f(a)+(1-\alpha)f(b)$$

即

$$\frac{1}{\alpha a+(1-\alpha)b}\leqslant\frac{\alpha}{a}+\frac{1-\alpha}{b}\tag{2}$$

注意到，对任意 $x\in[a,b]$，总存在 $\alpha\in[0,1]$，将 x 表为 $x=\alpha a+(1-\alpha)b$，由此解得

$$\alpha=\frac{x-b}{a-b}$$

代入式(2)的右边，整理便得到式(1)的右边. 证毕.

定理1 设 $\boldsymbol{A}$ 为 $n\times n$ 正定 Hermite 阵，$\boldsymbol{X}$ 为 $n\times t$ 矩阵，满足 $\boldsymbol{X}^*\boldsymbol{X}=\boldsymbol{I}_t$. 则

$$\boldsymbol{X}^*\boldsymbol{A}^{-1}\boldsymbol{X}\leqslant\frac{(\lambda_1+\lambda_n)^2}{4\lambda_1\lambda_n}(\boldsymbol{X}^*\boldsymbol{A}\boldsymbol{X})^{-1}\tag{3}$$

其中 λ_1 和 λ_n 分别为 $\boldsymbol{A}$ 的最大和最小特征值.

证明 将 $\boldsymbol{A}$ 分解为 $\boldsymbol{A}=\boldsymbol{U}\boldsymbol{\Lambda}\boldsymbol{U}^*$，这里 $\boldsymbol{U}$ 为 $n\times n$ 酉阵，$\boldsymbol{\Lambda}=\mathrm{diag}(\lambda_1,\cdots,\lambda_n)$，$\lambda_1\geqslant\cdots\geqslant\lambda_n>0$. 应用引理得

$$\frac{1}{\lambda_i}\leqslant\frac{\lambda_1+\lambda_n}{\lambda_1\lambda_n}-\frac{\lambda_i}{\lambda_1\lambda_n},i=1,\cdots,n$$

于是

$$\boldsymbol{\Lambda}^{-1}\leqslant\frac{\lambda_1+\lambda_n}{\lambda_1\lambda_n}\boldsymbol{I}_n-\frac{1}{\lambda_1\lambda_n}\boldsymbol{\Lambda}$$

用 $\boldsymbol{X}^*\boldsymbol{U}$ 和 $\boldsymbol{U}^*\boldsymbol{X}$ 分别左乘和右乘上式两边，我们得到

$$\boldsymbol{X}^*\boldsymbol{A}^{-1}\boldsymbol{X}\leqslant\frac{\lambda_1+\lambda_n}{\lambda_1\lambda_n}\boldsymbol{I}_n-\frac{1}{\lambda_1\lambda_n}\boldsymbol{X}^*\boldsymbol{A}\boldsymbol{X}$$

上式右边可以改写为

$$\frac{(\lambda_1+\lambda_n)^2}{4\lambda_1\lambda_n}(\boldsymbol{X}^*\boldsymbol{AX})^{-1}-$$

$$\frac{1}{\lambda_1\lambda_n}\left[\frac{(\lambda_1+\lambda_n)^2}{4}(\boldsymbol{X}^*\boldsymbol{AX})^{-1}-(\lambda_1+\lambda_n)\boldsymbol{I}_n+\boldsymbol{X}^*\boldsymbol{AX}\right]=$$

$$\frac{(\lambda_1+\lambda_n)^2}{4\lambda_1\lambda_n}(\boldsymbol{X}^*\boldsymbol{AX})^{-1}-$$

$$\frac{1}{\lambda_1\lambda_n}\left(\frac{\lambda_1+\lambda_n}{2}(\boldsymbol{X}^*\boldsymbol{AX})^{-1/2}-(\boldsymbol{X}^*\boldsymbol{AX})^{1/2}\right)^2\leqslant$$

$$\frac{(\lambda_1+\lambda_n)^2}{4\lambda_1\lambda_n}(\boldsymbol{X}^*\boldsymbol{AX})^{-1}$$

证毕.

在上面定理中，$\boldsymbol{X}$的列向量是任意t个标准正交化向量.如果我们对它们加上一些约束条件，那么不等式(3)还可以改进，也就是说，我们能够用更小的因子代替$\frac{(\lambda_1+\lambda_n)^2}{4\lambda_1\lambda_n}$.这就是下面的定理2，它是由本书作者之一和邵军证明的.

定理2　设$\lambda_1\geqslant\cdots\geqslant\lambda_n$为$n\times n$实对称正定阵$\boldsymbol{A}$的特征值，$\boldsymbol{\varphi}_1,\cdots,\boldsymbol{\varphi}_n$为对应的标准正交化特征向量，$\boldsymbol{X}$为$n\times t$矩阵，满足$\boldsymbol{X}^{\mathrm{T}}\boldsymbol{X}=\boldsymbol{I}_t$.若存在$1\leqslant i_1<\cdots<i_k\leqslant n$，使得$\mathscr{M}(\boldsymbol{X})\subset\mathscr{M}(\boldsymbol{\varphi}_{i_1},\cdots,\boldsymbol{\varphi}_{i_k})$.则

$$\boldsymbol{X}^{\mathrm{T}}\boldsymbol{A}^{-1}\boldsymbol{X}\leqslant\frac{(\lambda_{i_1}+\lambda_{i_k})^2}{4\lambda_{i_1}\lambda_{i_k}}(\boldsymbol{X}^{\mathrm{T}}\boldsymbol{AX})^{-1}\tag{4}$$

将作为一个更一般定理的推论而导出.因为这个更一般定理的证明需要使用线性模型参数估计相对效率的概念，所以我们留在以后来讨论.

注　对任意$1\leqslant i_1<\cdots<i_k\leqslant n$，容易验证

$$\frac{(\lambda_{i_1}+\lambda_{i_k})^2}{4\lambda_{i_1}\lambda_{i_k}}\leqslant\frac{(\lambda_1+\lambda_n)^2}{4\lambda_1\lambda_n}\tag{5}$$

所以,(4) 是对(3) 的一个改进.但需说明,这个改进仅在条件 $\mathscr{M}(\boldsymbol{X}) \subset \mathscr{M}(\boldsymbol{\varphi}_{i_1},\cdots,\boldsymbol{\varphi}_{i_k})$ 成立时才成立.

1.3　Jensen 不等式的逆

本节研究 Jensen 不等式的逆形式,本章后面部分还有进一步讨论.

定理 1　设 f 在$[a,b]$内是可微的凸函数,$x_i \in [a,b]$,$p_i \geqslant 0$,$i=1,2,\cdots,n$.

(1) 若 $P_n=\sum_{i=1}^{n} p_i>0$,则

$$\frac{1}{P_n}\sum_{i=1}^{n} p_i f(x_i)-f\left(\frac{1}{P_n}\sum_{i=1}^{n} p_i x_i\right) \leqslant \frac{1}{P_n}\sum_{i=1}^{n} p_i x_i f'(x_i)-\left(\frac{1}{P_n}\sum_{i=1}^{n} p_i x_i\right)\left(\frac{1}{P_n}\sum_{i=1}^{n} p_i f'(x_i)\right) \tag{1}$$

(2) 若 $f(x)$ 在开区间(a,b)内是递增的且 $\sum_{i=1}^{n} p_i f'(x_i)>0$,则

$$\frac{\sum_{i=1}^{n} p_i f(x_i)}{\sum_{i=1}^{n} p_i} \leqslant f\left(\frac{\sum_{i=1}^{n} p_i f'(x_i) x_i}{\sum_{i=1}^{n} p_i f'(x_i)}\right) \tag{2}$$

证明　(1) 由于 f 在$[a,b]$内是可微的凸函数,则当 $x,y \in [a,b]$ 时

$$f(x)-f(y) \geqslant (x-y) f'(y) \tag{3}$$

将 $x=\frac{1}{P_n}\sum_{i=1}^{n}p_i x_i, y=x_k(k=1,\cdots,n)$ 逐个代入得到

$$f\left(\frac{1}{P_n}\sum_{i=1}^{n}p_i x_i\right)-f(x_k)\geqslant$$

$$\left(\frac{1}{P_n}\sum_{i=1}^{n}p_i x_i-x_k\right)f'(y_k), k=1,\cdots,n \quad (4)$$

两边乘以 p_k 后对 k 求和即可.

(2) 设 $x_i\in(a,b), p_i\geqslant 0, i=1,2,\cdots,n$. 由假设 $f(x)$ 是增函数,则 $f'(x)\geqslant 0$ 且

$$z=\frac{\sum_{i=1}^{n}p_i f'(x_i)x_i}{\sum_{i=1}^{n}p_i f'(x_i)}\in(a,b) \quad (5)$$

由于 $f(x)$ 是凸函数,则

$$f(x)-f(x_i)\geqslant(x-x_i)f'(x_i)$$

$$\forall x, x_i\in[a,b], i=1,\cdots,n \quad (6)$$

两边乘以 p_i 后对 i 求和,则

$$f(x)-\frac{1}{P_n}\sum_{i=1}^{n}p_i f(x_i)\geqslant x\cdot\frac{1}{P_n}\sum_{i=1}^{n}p_i f'(x_i)-$$

$$\frac{1}{P_n}\sum_{i=1}^{n}p_i x_i f'(x_i) \quad (7)$$

以式(5) 中的 z 代替 x,式(7) 的右端变为零,于是得证. 证毕.

定理 2 设 $f(x)$ 在区间$[a,b]$内是取正值的凸函数(图 2),$f(a)\neq f(b)$. 经过两点 $A(a,f(a)),B(b,f(b))$ 的直线与 x 轴交于点 D,过点 D 向弧 AB 作切线交曲线于点 $C(\xi,f(\xi))$. 若 $x_i\in[a,b], a_i\geqslant 0, i=1,2,\cdots,n$. 则

$$\frac{\sum_{i=1}^{n} a_i f(x_i)}{f(\sum_{i=1}^{n} a_i x_i)} \leqslant \frac{f(b)-f(a)}{f'(\xi)(b-a)} \tag{8}$$

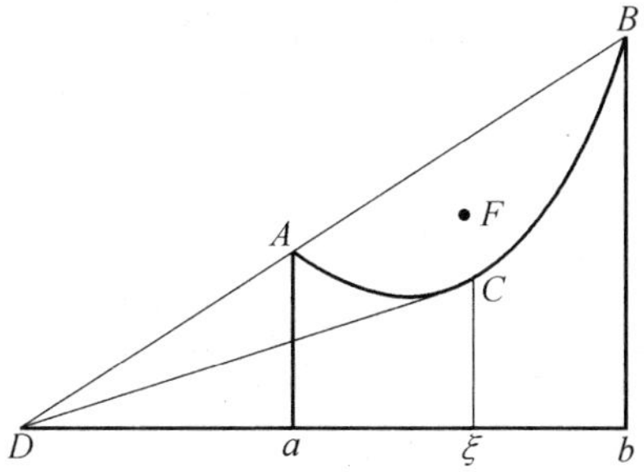

图 2

证明　设 S 代表曲线 $\mu=f(\lambda)$ 和弦 AB 围成的弓形区域，$E(\sum_{i=1}^{n} a_i x_i, f(\sum_{i=1}^{n} a_i x_i))$ 在曲线 $\mu=f(\lambda)$ 上，$F(\sum_{i=1}^{n} a_i x_i, \sum_{i=1}^{n} a_i f(x_i))$ 位于区域 S 内部. 于是

$$\frac{\sum_{i=1}^{n} a_i f(x_i)}{f(\sum_{i=1}^{n} a_i x_i)} \leqslant \frac{k_{FD}}{k_{ED}} \tag{9}$$

这里 k_{FD} 和 k_{ED} 分别代表直线 FD 和 ED 的斜率. 显然

$$f'(\xi)=CD \text{ 的斜率} \leqslant FD \text{ 的斜率} \leqslant AD \text{ 的斜率} = \frac{f(b)-f(a)}{b-a}$$

于是不等式(8) 成立. 证毕.

进一步容易验证

$$\frac{f(\xi)}{f'(\xi)}=\xi-\frac{af(b)-bf(a)}{f(b)-f(a)} \tag{10}$$

事实上，由于直线 AB 与 CD 相交 x 轴于点 D，根据 CD 的直线方程可以得到上述关系. 当 $f(x)=x^k(k\geqslant -1,k\neq 0)$ 时，ξ 容易求得. 特别地，取 $k=-1$，则 $\xi=\frac{a+b}{2}$ 可以推出 Kantorovich 不等式. 类似，还可以直接从不等式(8) 获得 Kantorovich 不等式的各种不同等价形式. 若 k 为正整数，则 FanKy 不等式成立.

不等式(8) 最早可以追溯到 Mitrionvić 和 Vasić(1975) 的工作，下面来介绍他们所采用的形心方法. 首先容易得到弦 AB 的方程为

$$y=\frac{f(b)-f(a)}{b-a}t+\frac{bf(a)-af(b)}{b-a}\tag{11}$$

假定弦 AB 与曲线 $y=\alpha f(t)$ 相切，则

$$\alpha f(t)=\frac{f(b)-f(a)}{b-a}t+\frac{bf(a)-af(b)}{b-a}\tag{12}$$

$$\alpha f'(t)=\frac{f(b)-f(a)}{b-a}\tag{13}$$

从式(12) 和式(13) 中消去 α，得到

$$(f(b)-f(a))f(t)-f'(t)((f(b)-f(a))t+bf(a)-af(b))=0\tag{14}$$

若 f 二次可微分，则 $f''(t)\geqslant 0$，由此容易证明方程(14) 在 $[a,b]$ 内有一个解 ξ.

由于平面点列 $\{P_i(\lambda_i,f(\lambda_i))\}$ 的带权形心为 $Q(\sum_{i=1}^{n}a_i\lambda_i,\sum_{i=1}^{n}a_i f(\lambda_i))$，因此有不等式

$$\sum_{i=1}^{n}a_i f(\lambda_i)\leqslant \alpha f(\sum_{i=1}^{n}a_i\lambda_i)\tag{15}$$

其中等号成立当且仅当 Q 同时位于弦 AB 与曲线 $y=\alpha f(t)$ 上，即 Q 是切点. 进而在 $P_1,P_2,\cdots,P_n$ 中有 k 个

点与 A 重合,其余 $n-k$ 个点与 B 重合. 于是 $\lambda_1,\cdots,\lambda_n$ 中存在两个子数列 $\lambda_{i_1},\cdots,\lambda_{i_k}$ 和 $\lambda_{i_{k+1}},\cdots,\lambda_{i_n}$,它们分别等于 b 和 a,即

$$\xi=b\sum_{j=1}^{k}\lambda_{i_j}+a\sum_{j=k+1}^{n}\lambda_{i_j}$$

$$f(\xi)=f(b)\sum_{j=1}^{k}\lambda_{i_j}+f(a)\sum_{j=k+1}^{n}\lambda_{i_j}$$

这样不等式(15)成立,其中 α 由式(13)来决定(式中的 t 换成 ξ),它即为不等式(8).

定理3 设 $a_i\geqslant 0(i=1,2,\cdots,n)$,$\sum_{i=1}^{n}a_i=1$,$f(t)$,$g(t)$ 在区间 $[a,b]$ 上连续可微. 若 $f(t)$ 在区间 $[a,b]$ 上是凸的(图3),且对给定的实数 $\alpha>0$ 和任意的 $t\in[0,1]$,不等式

$$tf(b)+(1-t)f(a)\leqslant \alpha g(tg+(1-t)a) \quad (16)$$

成立,则对任意的 $\lambda_i\in[a,b]$,$i=1,\cdots,n$,不等式

$$\sum_{i=1}^{n}a_i f(\lambda_i)\leqslant \alpha g\left(\sum_{i=1}^{n}a_i\lambda_i\right) \quad (17)$$

成立.

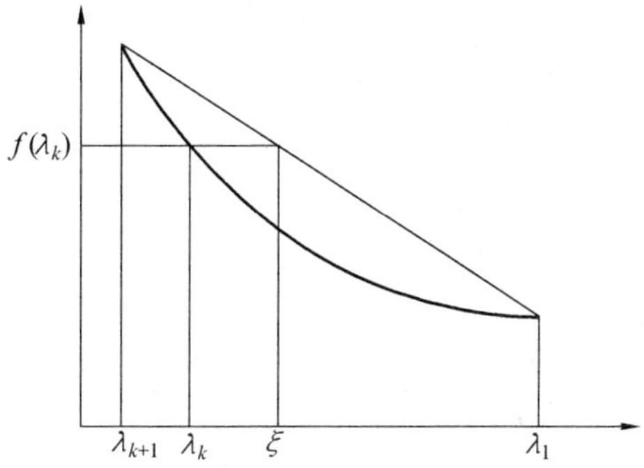

图 3

证明 不妨假定$\lambda_1=b,\lambda_n=a$,下面使用归纳法对不等式(17)进行证明.首先由假设知$n=2$的情形结论成立.

其次假设$n=k$时结论为真,且假定$f(t)$和$g(t)$均单调递减.令$\psi(\cdot)$表示连接$(\lambda_1,f(\lambda_1))$和$(\lambda_{k+1},f(\lambda_{k+1}))$的线段,则

$$\psi(t\lambda_1+(1-t)\lambda_{k+1})=$$
$$tf(\lambda_1)+(1-t)f(\lambda_{k+1}),t\in[0,1]$$

由$\psi(\cdot)$的连续性知,当$f(\lambda_k)\in[f(\lambda_1),f(\lambda_{k+1})]$时,存在$t_k\in[0,1]$使得

$$f(\lambda_k)=t_k f(\lambda_1)+(1-t_k)f(\lambda_{k+1}) \tag{18}$$

令$\xi=t_k\lambda_1+(1-t_k)\lambda_{k+1}\in[\lambda_{k+1},\lambda_1]$.由于$f(\cdot)$在$[\lambda_{k+1},\lambda_1]$是凸函数,则

$$f(\xi)=f(t_k\lambda_1-(1-t_k)\lambda_{k+1})\leqslant$$
$$t_k f(\lambda_1)-(1-t_k)f(\lambda_{k+1})=\psi(\xi)$$

此外,由$f(\cdot)$的单调性和$f(\xi)\leqslant f(\lambda_k)$知

$$\lambda_k\leqslant\xi=t_k\lambda_1+(1-t_k)\lambda_{k+1} \tag{19}$$

于是

$$\sum_{i=1}^{k+1}a_i f(\lambda_i)=$$
$$a_1 f(\lambda_1)+\sum_{i=2}^{k-1}a_i f(\lambda_i)+a_k f(\lambda_k)+a_{k+1} f(\lambda_{k+1})=$$
$$a_1 f(\lambda_1)+\sum_{i=2}^{k-1}a_i f(\lambda_i)+$$
$$a_k(t_k f(\lambda_1)+(1-t_k)f(\lambda_{k+1})+a_{k+1} f(\lambda_{k+1})=$$
$$(a_1+t_k a_k)f(\lambda_1)+$$
$$\sum_{i=2}^{k-1}a_i f(\lambda_i)+((1-t_k)a_k+a_{k+1})f(\lambda_{k+1}) \tag{20}$$

这里第二步用到了等式(20).与此同时

$$
\begin{aligned}
&g(\sum_{i=1}^{k+1} a_i\lambda_i) = \\
&g(a_1\lambda_1 + \sum_{i=2}^{k-1} a_i\lambda_i + a_k\lambda_k + a_{k+1}\lambda_{k+1}) \geqslant \\
&g(a_1\lambda_1 + \sum_{i=2}^{k-1} a_i\lambda_i + \\
&a_k(t_k\lambda_1 + (1-t_k)\lambda_{k+1}) + a_{k+1}\lambda_{k+1}) = \\
&g((a_1 + t_k a_k)\lambda_1 + \\
&\sum_{i=2}^{k-1} a_i\lambda_i + ((1-t_k)a_k + a_{k+1})\lambda_{k+1}) \qquad (21)
\end{aligned}
$$

这里不等关系用到了 g 的单调性和不等式(19). 令

$$a'_1 = a_1 + t_k a_k, a'_k = (1-t_k)a_k + a_{k+1}$$

$$a'_i = a_i, i = 2, \cdots, k$$

则 $a'_i = 0, i = 1, 2, \cdots, k$ 且 $\sum_{i=1}^{k} a'_i = 1$. 由式(20) 和式(21) 得到

$$
\begin{aligned}
&\sum_{i=1}^{k+1} a_i f(\lambda_i) - \alpha g(\sum_{i=1}^{k+1} a_i\lambda_i) \leqslant \\
&\sum_{i=1}^{k} a'_i f(\lambda'_i) - \alpha g(\sum_{i=1}^{k+1} a'_i\lambda'_i) \qquad (22)
\end{aligned}
$$

这里 $\lambda'_k = \lambda_{k+1}, \lambda'_i = \lambda_i, i = 1, 2, \cdots, k-1$. 由归纳假定，式(22) 的右边部分有上界 0，于是当 $n = k+1$ 且 $f(t)$ 和 $g(t)$ 均单调递减时结论成立.

由于参数 $\alpha > 0$ 以及 $f(t), g(t)$ 在区间$[a, b]$上连续可微假设，因此存在一个充分大的正数 M 使得 $f_1(t) = f(t) - Mt$ 和 $g_1(t) = g(t) - \frac{M}{\alpha}t$ 单调递减. 用它们分别代替不等式(17) 中的 $f(t)$ 和 $g(t)$ 得到：当 $n = k+1$ 时，对所有的 $f(t)$ 和 $g(t)$ 结论成立. 证毕.

不等式(17) 也可以看成是 Kantorovich 不等式的推广形式,更详细的讨论见第 2 章.

考虑一元函数

$$\phi(t)=\frac{tf(b)+(1-t)f(a)}{g(tb+(1-t)a)} \tag{23}$$

的极值问题,利用微分法可以获得式(17) 中的参数 α.

本节最后来讨论不等式(8) 的一个应用.

定理 4 设 $p,q>1$ 满足 $\frac{1}{p}+\frac{1}{q}=1$, $0<m_1\leqslant x_i\leqslant M_1$, $0<m_2\leqslant y_i\leqslant M_2$, $i=1,2,\cdots,n$. 则

$$\left(\sum_{i=1}^{n}x_i^p\right)^{\frac{1}{p}}\left(\sum_{i=1}^{n}y_i^q\right)^{\frac{1}{q}}\leqslant\kappa\left(\sum_{i=1}^{n}x_iy_i\right) \tag{24}$$

这里

$$\kappa=\frac{M_1^pM_2^q-m_1^pm_2^q}{(pm_2M_2(M_1M_2^{q-1}-m_1m_2^{q-1}))^{\frac{1}{p}}(qm_1M_1(M_2M_1^{p-1}-m_2m_1^{p-1}))^{\frac{1}{q}}} \tag{25}$$

证明 设 $f(x)=x^p$, $\lambda_i=x_iy_i^{-\frac{q}{p}}$, $a_i\geqslant b_i^p$, $i=1,2,\cdots,n$. 由于 $0<m_1\leqslant x_i\leqslant M_1$, $0<m_2\leqslant y_i\leqslant M_2$, $i=1,2,\cdots,n$, 则

$$a=\min x_iy_i^{-\frac{q}{p}}\geqslant m_1M_2^{-\frac{q}{p}},b=\max x_iy_i^{-\frac{q}{p}}\leqslant M_1m_2^{-\frac{q}{p}}$$

应用不等式(8) 即可. 证毕.

1.4 王一叶不等式

若 $\|\boldsymbol{x}\|=1$, Kantorovich 不等式有如下等式形式

$$\boldsymbol{x}^*\boldsymbol{A}\boldsymbol{x}\leqslant\frac{(\lambda_1+\lambda_n)^2}{4\lambda_1\lambda_n}(\boldsymbol{x}^*\boldsymbol{A}^{-1}\boldsymbol{x})^{-1} \tag{1}$$

本节从 Kantorovich 不等式(1) 的矩阵形式出发研究

Schur 互补引理的加强形式及其等价形式. 下面给出 Rennie 不等式的矩阵形式.

引理　设 $\boldsymbol{A} \in \boldsymbol{H}_{++}^{n}$ 且最大与最小特征值为 λ_1 和 λ_n. 则

$$\frac{1}{\lambda_1\lambda_n}\boldsymbol{A} + \boldsymbol{A}^{-1} \leqslant \frac{\lambda_1 + \lambda_n}{\lambda_1\lambda_n}\boldsymbol{I} \tag{2}$$

证明　由已知易知

$$\boldsymbol{A} + \lambda_1\lambda_n\boldsymbol{A}^{-1} \leqslant (\lambda_1 + \lambda_n)\boldsymbol{I}$$

两边分别除以 $\lambda_1\lambda_n$ 即可. 证毕.

定理 1　设 $\boldsymbol{A} \in \boldsymbol{H}_{++}^{n}$ 且最大与最小特征值为 λ_1 和 λ_n, $\boldsymbol{X} \in \mathbf{C}^{n\times p}$ 满足 $\boldsymbol{X}^*\boldsymbol{X} = \boldsymbol{I}_p$. 则

$$\boldsymbol{X}^*\boldsymbol{A}^{-1}\boldsymbol{X} \leqslant \frac{(\lambda_1 + \lambda_n)^2}{4\lambda_1\lambda_n}(\boldsymbol{X}^*\boldsymbol{A}\boldsymbol{X})^{-1} \tag{3}$$

证明　对式(2) 作合同变换, 即分别左乘 $\boldsymbol{X}^*$ 和右乘 $\boldsymbol{X}$ 得到

$$\frac{1}{\lambda_1\lambda_n}\boldsymbol{X}^*\boldsymbol{A}\boldsymbol{X} + \boldsymbol{X}^*\boldsymbol{A}^{-1}\boldsymbol{X} \leqslant \frac{\lambda_1 + \lambda_n}{4\lambda_1\lambda_n}\boldsymbol{I} \tag{4}$$

由于

$$\frac{\lambda_1 + \lambda_n}{\lambda_1\lambda_n}\boldsymbol{I} \leqslant \frac{1}{\lambda_1\lambda_n}\boldsymbol{X}^*\boldsymbol{A}\boldsymbol{X} + \frac{(\lambda_1 + \lambda_n)^2}{4\lambda_1\lambda_n}(\boldsymbol{X}^*\boldsymbol{A}\boldsymbol{X})^{-1} \tag{5}$$

于是结论成立. 证毕.

虽然 Rennie 不等式发现较早, 但是其矩阵形式(2) 直到 1990 年才由 Marshall 和 Oklin 给出, 并由此得到 Kantorovich 不等式的矩阵形式(3). 后者显然没能注意到直接应用 Rennie 等人的结果.

如果令 $\boldsymbol{X} = (0 : \boldsymbol{I}_p)^{\mathrm{T}}$, 由定理 2 很容易得到 Schur 互补引理的加强形式. 这一结果最早由王松桂和叶伟彰(1992) 提供.

定理 2　设 $\boldsymbol{A}\in \boldsymbol{H}_{++}^{n}$，则

$$\boldsymbol{A}_{21}\boldsymbol{A}_{11}^{-1}\boldsymbol{A}_{12}\leqslant\left(\frac{\lambda_1-\lambda_n}{\lambda_1+\lambda_n}\right)^2\boldsymbol{A}_{22} \tag{6}$$

或者等价地

$$\boldsymbol{A}_{22.1}\geqslant\frac{4\lambda_1\lambda_n}{(\lambda_1+\lambda_n)^2}\boldsymbol{A}_{22} \tag{7}$$

这里 λ_1 和 λ_n 分别为矩阵 $\boldsymbol{A}$ 的最大和最小特征值.

定理 1 和定理 2 等价. 事实上，根据奇异值分解理论，存在酉矩阵 $\boldsymbol{U}$ 使得 $\boldsymbol{U}\boldsymbol{X}=(\boldsymbol{O}:\boldsymbol{I}_p)^{\mathrm{T}}$. 记 $\boldsymbol{B}=\boldsymbol{U}^*\boldsymbol{A}\boldsymbol{U}$，则 $\boldsymbol{B}^{-1}=\boldsymbol{U}^*\boldsymbol{A}^{-1}\boldsymbol{U}$，且

$$\boldsymbol{B}_{22}=(\boldsymbol{O},\boldsymbol{I}_p)\boldsymbol{B}\begin{pmatrix}\boldsymbol{O}\\ \boldsymbol{I}_p\end{pmatrix}=\boldsymbol{X}^*\boldsymbol{A}\boldsymbol{X} \tag{8}$$

$$(\boldsymbol{B}^{-1})_{22}=(\boldsymbol{O},\boldsymbol{I}_p)\boldsymbol{B}^{-1}\begin{pmatrix}\boldsymbol{O}\\ \boldsymbol{I}_p\end{pmatrix}=\boldsymbol{X}^*\boldsymbol{A}^{-1}\boldsymbol{X}=\boldsymbol{B}_{22.1}^{-1} \tag{9}$$

由后一个等式(9) 可以得到 $(\boldsymbol{X}^*\boldsymbol{A}^{-1}\boldsymbol{X})^{-1}=\boldsymbol{B}_{22.1}$. 对矩阵 $\boldsymbol{B}$ 利用不等式(7)，则得到矩阵形式的 Kantorovich 不等式(3).

定理 3　设 $\boldsymbol{A}\in \boldsymbol{H}_{++}^{n}$. 若 $\alpha\geqslant\left(\frac{\lambda_1-\lambda_n}{\lambda_1+\lambda_n}\right)^2$，则

(1) 若 $\boldsymbol{P}$ 是一个投影矩阵，则

$$\boldsymbol{A}+(\alpha-1)\boldsymbol{PAP}\geqslant\boldsymbol{O}$$

(2) 若 $\boldsymbol{P}$ 和 $\boldsymbol{Q}$ 是投影矩阵且相互正交，则

$$\begin{pmatrix}\alpha\boldsymbol{PAP} & \boldsymbol{PAQ}\\ \boldsymbol{QAP} & \boldsymbol{QAQ}\end{pmatrix}\geqslant\boldsymbol{O}$$

(3) $\boldsymbol{X}$ 和 $\boldsymbol{Y}$ 是两个复 $n\times p$ 和 $n\times q$ 矩阵. 若 $\boldsymbol{X}^*\boldsymbol{Y}=\boldsymbol{O}$，对所有广义逆 $(\boldsymbol{Y}^*\boldsymbol{A}\boldsymbol{Y})^{-}$ 不等式

$$\boldsymbol{X}^*\boldsymbol{A}\boldsymbol{Y}(\boldsymbol{Y}^*\boldsymbol{A}\boldsymbol{Y})^{-}\boldsymbol{Y}^*\boldsymbol{A}\boldsymbol{X}\leqslant\left(\frac{\lambda_1-\lambda_n}{\lambda_1+\lambda_n}\right)^2\boldsymbol{X}^*\boldsymbol{A}\boldsymbol{X} \tag{10}$$

都成立.

证明　(1) 设 $\boldsymbol{A}_\alpha=\boldsymbol{A}+(\alpha-1)\boldsymbol{PAP}$，结论(1) 等价于对任意 $\boldsymbol{x}\in\mathbf{C}^n$，不等式

$$(\boldsymbol{A}_\alpha\boldsymbol{x},\boldsymbol{x})=(\boldsymbol{Ax},\boldsymbol{x})+(\alpha-1)(\boldsymbol{APx},\boldsymbol{Px})\geqslant\boldsymbol{O}\tag{11}$$

成立.

由于 $\boldsymbol{P}=\boldsymbol{P}^*=\boldsymbol{P}^2$，$\|\boldsymbol{Px}\|^2=(\boldsymbol{Px},\boldsymbol{x})$ 和 $(\boldsymbol{x},\frac{\boldsymbol{Px}}{\|\boldsymbol{Px}\|})^2=(\boldsymbol{Px},\boldsymbol{x})$，不等式(11) 变为

$$(\boldsymbol{Ax},\boldsymbol{x})-(\alpha-1)\left(\boldsymbol{A}\frac{\boldsymbol{Px}}{\|\boldsymbol{Px}\|},\frac{\boldsymbol{Px}}{\|\boldsymbol{Px}\|}\right)\times\left(\boldsymbol{x},\frac{\boldsymbol{Px}}{\|\boldsymbol{Px}\|}\right)^2\geqslant\boldsymbol{O}\tag{12}$$

不妨设 $\|\boldsymbol{x}\|=1$ 并令 $\boldsymbol{y}=\frac{\boldsymbol{Px}}{\|\boldsymbol{Px}\|}$. 由 CBS 不等式可得

$$\begin{aligned}(\boldsymbol{Ax},\boldsymbol{x})(\boldsymbol{A}^{-1}\boldsymbol{y},\boldsymbol{y})=(\boldsymbol{A}^{\frac{1}{2}}\boldsymbol{x},\boldsymbol{A}^{\frac{1}{2}}\boldsymbol{x})(\boldsymbol{A}^{\frac{1}{2}}\boldsymbol{y},\boldsymbol{A}^{\frac{1}{2}}\boldsymbol{y})\geqslant\\ |(\boldsymbol{A}^{\frac{1}{2}}\boldsymbol{x},\boldsymbol{A}^{-\frac{1}{2}}\boldsymbol{y})|^2=\\ |(\boldsymbol{x},\boldsymbol{y})|^2=\\ \left(\boldsymbol{x},\frac{\boldsymbol{Px}}{\|\boldsymbol{Px}\|}\right)^2\end{aligned}$$

结合不等式(1)

$$\begin{aligned}&(\boldsymbol{A}_\alpha\boldsymbol{x},\boldsymbol{x})=(\boldsymbol{Ax},\boldsymbol{x})+(\alpha-1)(\boldsymbol{Ay},\boldsymbol{y})(\boldsymbol{x},\boldsymbol{y})^2\geqslant\\ &(\boldsymbol{Ax},\boldsymbol{x})+(\alpha-1)(\boldsymbol{Ay},\boldsymbol{y})(\boldsymbol{A}^{-1}\boldsymbol{y},\boldsymbol{y})(\boldsymbol{Ax},\boldsymbol{x})\geqslant\\ &(\boldsymbol{Ax},\boldsymbol{x})+(\alpha-1)\frac{(\lambda_1+\lambda_n)^2}{4\lambda_1\lambda_n}(\boldsymbol{Ax},\boldsymbol{x})=\\ &\frac{(\lambda_1+\lambda_n)^2}{4\lambda_1\lambda_n}\left(\alpha-\left(\frac{\lambda_1-\lambda_n}{\lambda_1+\lambda_n}\right)^2\right)(\boldsymbol{Ax},\boldsymbol{x})\end{aligned}$$

于是结论(1) 成立.

(2) 不妨设 $\boldsymbol{Q}=\boldsymbol{P}^{\perp}=\boldsymbol{I}-\boldsymbol{P}$ 是 $\boldsymbol{P}$ 的正交补. 将矩阵

$\boldsymbol{B}$ 投影到空间 $\boldsymbol{P}(\mathbf{C}^n)\oplus\boldsymbol{Q}(\mathbf{C}^n)$ 上，则 $\boldsymbol{B}$ 半正定当且仅当矩阵 $\begin{pmatrix}\boldsymbol{PBP} & \boldsymbol{PBQ}\\ \boldsymbol{QBP} & \boldsymbol{QBQ}\end{pmatrix}$ 半正定. 以 $\boldsymbol{B}=\boldsymbol{A}_\alpha$ 代入则得到所需的结果.

(3) 以投影矩阵 $\boldsymbol{XX}^+$ 和 $\boldsymbol{YY}^+$ 代替(2) 中的 $\boldsymbol{P}$ 和 $\boldsymbol{Q}$，则当 $\alpha\geqslant\left(\dfrac{\lambda_1-\lambda_n}{\lambda_1+\lambda_n}\right)^2$ 时

$$\begin{bmatrix}\alpha\boldsymbol{X}^*\boldsymbol{AX} & \boldsymbol{X}^*\boldsymbol{AY}\\ \boldsymbol{Y}^*\boldsymbol{AX} & \boldsymbol{Y}^*\boldsymbol{AY}\end{bmatrix}=$$

$$\begin{bmatrix}\boldsymbol{X}^* & \boldsymbol{O}\\ \boldsymbol{O} & \boldsymbol{Y}^*\end{bmatrix}\begin{bmatrix}\alpha(\boldsymbol{XX}^+)^*\boldsymbol{A}(\boldsymbol{XX}^+) & (\boldsymbol{XX}^+)^*\boldsymbol{A}(\boldsymbol{YY}^+)\\ (\boldsymbol{YY}^+)^*\boldsymbol{A}(\boldsymbol{XX}^+) & (\boldsymbol{YY}^+)^*\boldsymbol{A}(\boldsymbol{YY}^+)\end{bmatrix}\cdot$$

$$\begin{pmatrix}\boldsymbol{X} & \boldsymbol{O}\\ \boldsymbol{O} & \boldsymbol{Y}\end{pmatrix}\geqslant\boldsymbol{O}$$

利用 Schur 互补引理立知结论成立. 证毕.

若

$$\boldsymbol{X}=\begin{pmatrix}\boldsymbol{I}_p\\ \boldsymbol{O}\end{pmatrix},\boldsymbol{Y}=\begin{pmatrix}\boldsymbol{O}\\ \boldsymbol{I}_q\end{pmatrix}\tag{13}$$

则

$$\begin{aligned}\boldsymbol{X}^*\boldsymbol{AX}&=\boldsymbol{A}_{11},\boldsymbol{X}^*\boldsymbol{AY}=\boldsymbol{A}_{12}\\ \boldsymbol{Y}^*\boldsymbol{AX}&=\boldsymbol{A}_{21},\boldsymbol{Y}^*\boldsymbol{AY}=\boldsymbol{A}_{22}\end{aligned}\tag{14}$$

由不等式(10) 也可得到不等式(6).

1.5　DLLPS 不等式

2002 年，Drury 等人(2002) 给出了 Kantorovich 矩阵不等式在退化情况下的推广形式.

定理 1　设 $\boldsymbol{A}\in\boldsymbol{H}_+^n$ 有 r 个非 0 特征值 $\lambda_1\geqslant\cdots\geqslant\lambda_r>0$，$\boldsymbol{X}\in\mathbf{C}^{n\times p}$. 有

$$X^*AX \leqslant \frac{(\lambda_1+\lambda_r)^2}{4\lambda_1\lambda_r}X^*P_AX(X^*A^+X)^-X^*P_AX \tag{1}$$

证明 设 A 有谱分解 $A=U^*\Lambda U$，其中 Λ 为 $r\times r$ 对角矩阵，U 为 $n\times r$ 部分酉矩阵满足 $U^*U=I_r$. 则 $P_A=UU^*$，不等式(1) 等价于

$$X^*U\Lambda U^*X \leqslant \frac{(\lambda_1+\lambda_r)^2}{4\lambda_1\lambda_r}X^*UU^*X\cdot (X^*U\Lambda^{-1}U^*X)^-X^*UU^*X \tag{2}$$

对 U^*X 满秩分解得到 $U^*X=KL^*$，其中 L 和 K 为列满秩矩阵满足 $K^*K=I_s$，$s=\mathrm{rank}(U^*X)$. 于是不等式(2) 等价于

$$LK^*\Lambda KL^* \leqslant \frac{(\lambda_1+\lambda_r)^2}{4\lambda_1\lambda_r}LK^*KL^*\cdot (LK^*\Lambda^{-1}KL^*)^-LK^*KL^* \tag{3}$$

由于 L 是列满秩的，因此不等式(3) 又等价于

$$K^*\Lambda K^* \leqslant \frac{(\lambda_1+\lambda_r)^2}{4\lambda_1\lambda_r}L^*(LK^*\Lambda^{-1}KL^*)^-L \tag{4}$$

由于 $s\times s$ 阶矩阵 $B=L^*(LK^*\Lambda^{-1}KL^*)^-LK^*\Lambda^{-1}K$ 是幂等矩阵，且 $\mathrm{rank}(B)=\mathrm{rank}(LK^*)=s$，因此 $B=I_s$，即 $L^*(LK^*\Lambda^{-1}KL^*)^-L=(K^*\Lambda^{-1}K)^{-1}$. 这样一来，不等式(1) 又等价于

$$K^*\Lambda K \leqslant \frac{(\lambda_1+\lambda_r)^2}{4\lambda_1\lambda_r}(K^*\Lambda^{-1}K)^{-1} \tag{5}$$

它就是 Kantorovich 矩阵不等式(上节式(3)). 证毕.

引理 设 $A\in H_+^n$，$X\in \mathbf{C}^{n\times p}$ 和 $Y\in \mathbf{C}^{n\times q}$ 满足

$$X^*P_AY=O \tag{6}$$

则不等式

$$\boldsymbol{A}-\boldsymbol{P}_A\boldsymbol{X}(\boldsymbol{X}^*\boldsymbol{A}^+\boldsymbol{X})^-\boldsymbol{X}^*\boldsymbol{P}_A\geqslant \boldsymbol{A}\boldsymbol{Y}(\boldsymbol{Y}^*\boldsymbol{A}\boldsymbol{Y})^-\boldsymbol{Y}^*\boldsymbol{A} \tag{7}$$

成立,进而

$$\boldsymbol{X}^*\boldsymbol{A}\boldsymbol{X}-\boldsymbol{X}^*\boldsymbol{P}_A\boldsymbol{X}(\boldsymbol{X}^*\boldsymbol{A}^+\boldsymbol{X})^-\boldsymbol{X}^*\boldsymbol{P}_A\boldsymbol{X}\geqslant \boldsymbol{X}\boldsymbol{A}\boldsymbol{Y}(\boldsymbol{Y}^*\boldsymbol{A}\boldsymbol{Y})^-\boldsymbol{Y}^*\boldsymbol{A}\boldsymbol{X} \tag{8}$$

证明 只要注意到矩阵

$$\boldsymbol{B}=\boldsymbol{I}-(\boldsymbol{A}^+)^{\frac{1}{2}}\boldsymbol{X}(\boldsymbol{X}^*\boldsymbol{A}^+\boldsymbol{X})^-\boldsymbol{X}^*(\boldsymbol{A}^+)^{\frac{1}{2}}-\boldsymbol{A}^{\frac{1}{2}}\boldsymbol{Y}(\boldsymbol{Y}^*\boldsymbol{A}\boldsymbol{Y})^-\boldsymbol{Y}^*\boldsymbol{A}^{\frac{1}{2}} \tag{9}$$

是幂等的即可. 事实上,矩阵 $\boldsymbol{B}$ 的后面两项是幂等的且乘积为零. 证毕.

下面结果显然是王一叶不等式(上节式(10))的推广.

定理 2 设 $\boldsymbol{A}\in \boldsymbol{H}_+^n$,$\boldsymbol{X}\in \mathbf{C}^{n\times p}$ 和 $\boldsymbol{Y}\in \mathbf{C}^{n\times q}$ 满足 $\boldsymbol{X}^*\boldsymbol{P}_A\boldsymbol{Y}=\boldsymbol{O}$. 则不等式

$$\boldsymbol{X}^*\boldsymbol{A}\boldsymbol{Y}(\boldsymbol{Y}^*\boldsymbol{A}\boldsymbol{Y})^-\boldsymbol{Y}^*\boldsymbol{A}\boldsymbol{X}\leqslant\left(\frac{\lambda_1-\lambda_r}{\lambda_1+\lambda_r}\right)^2\boldsymbol{X}^*\boldsymbol{A}\boldsymbol{X} \tag{10}$$

成立.

证明 由不等式(8)和不等式(1)立得. 证毕.

从不等式(10)可以方便地得到不等式(1). 例如选择 $\boldsymbol{Y}$ 为矩阵 $\boldsymbol{X}^*\boldsymbol{P}_A$ 的零空间上投影矩阵,即

$$\boldsymbol{Y}=\boldsymbol{P}_A-\boldsymbol{P}_A\boldsymbol{X}(\boldsymbol{X}^*\boldsymbol{P}_A\boldsymbol{X})^-\boldsymbol{X}^*\boldsymbol{P}_A$$

代入到式(10)即可得到不等式(1).

1.6 Kantorovich 不等式及其推广

设 $\boldsymbol{A}$ 为正定 Hermite 阵,Cauchy-Schwarz 不等式的推广形式为

$$|\boldsymbol{x}^*\boldsymbol{y}|^2 \leqslant \boldsymbol{x}^*\boldsymbol{A}\boldsymbol{x}\cdot\boldsymbol{y}^*\boldsymbol{A}^{-1}\boldsymbol{y} \tag{1}$$

特别,当 $\boldsymbol{x}=\boldsymbol{y}$ 时

$$(\boldsymbol{x}^*\boldsymbol{x})^2 \leqslant \boldsymbol{x}^*\boldsymbol{A}\boldsymbol{x}\cdot\boldsymbol{x}^*\boldsymbol{A}^{-1}\boldsymbol{x} \tag{2}$$

等价地,对任意 $\boldsymbol{x}\neq\boldsymbol{0}$

$$1 \leqslant \frac{\boldsymbol{x}^*\boldsymbol{A}\boldsymbol{x}\boldsymbol{x}^*\boldsymbol{A}^{-1}\boldsymbol{x}}{(\boldsymbol{x}^*\boldsymbol{x})^2} \tag{3}$$

上式右端是两个 Rayleigh 商

$$\frac{\boldsymbol{x}^*\boldsymbol{A}\boldsymbol{x}}{\boldsymbol{x}^*\boldsymbol{x}} \text{ 与 } \frac{\boldsymbol{x}^*\boldsymbol{A}^{-1}\boldsymbol{x}}{\boldsymbol{x}^*\boldsymbol{x}}$$

的乘积. Cauchy-Schwarz 不等式(3) 给出了这个乘积的下界 1. 本节我们要建立它的上界,这就是下面的 Kantorovich 不等式.

定理 1(Kantorovich)　设 $\boldsymbol{A}$ 为 $n\times n$ 正定 Hermite 阵,λ_1 和 λ_n 分别为其最大和最小特征值,则对任意非零向量 $\boldsymbol{x}$

$$\frac{\boldsymbol{x}^*\boldsymbol{A}\boldsymbol{x}\boldsymbol{x}^*\boldsymbol{A}^{-1}\boldsymbol{x}}{(\boldsymbol{x}^*\boldsymbol{x})^2} \leqslant \frac{(\lambda_1+\lambda_n)^2}{4\lambda_1\lambda_n} \tag{4}$$

当 $\boldsymbol{x}=(\boldsymbol{\varphi}_1+\boldsymbol{\varphi}_n)/\sqrt{2}$ 时,等号成立,这里 $\boldsymbol{\varphi}_1$ 和 $\boldsymbol{\varphi}_n$ 分别为 λ_1 和 λ_n 对应的标准正交化特征向量.

证明　设 $\lambda_1\geqslant\cdots\geqslant\lambda_n$ 为 $\boldsymbol{A}$ 的特征值,$\boldsymbol{\Lambda}=\mathrm{diag}(\lambda_1,\cdots,\lambda_n)$. 则存在酉阵 $\boldsymbol{U}$,使 $\boldsymbol{A}=\boldsymbol{U}^*\boldsymbol{\Lambda}\boldsymbol{U}$. 记

$$\boldsymbol{y}=\boldsymbol{U}\boldsymbol{x}$$

$$\xi_i=|y_i|^2/\Big(\sum_{i=1}^n|\bar{y}_i|^2\Big)^{1/2},i=1,2,\cdots,n$$

问题归结为对 $\xi_i\geqslant 0,\sum_{i=1}^n\xi_i=1$,证明

$$\Big(\sum_{i=1}^n\lambda_i\xi_i\Big)\sum_{i=1}^n\Big(\frac{\xi_i}{\lambda_i}\Big)\leqslant\frac{(\lambda_1+\lambda_n)^2}{4\lambda_1\lambda_n} \tag{5}$$

用下式定义 u_i 和 $v_i(i=1,\cdots,n)$

$$\begin{cases}\lambda_i = \lambda_1 u_i + \lambda_n v_i \\ \dfrac{1}{\lambda_i} = \dfrac{u_i}{\lambda_1} + \dfrac{u_i}{\lambda_n}\end{cases} \tag{6}$$

容易验证，$u_i \geqslant 0, v_i \geqslant 0, i = 1, \cdots, n$.

再由

$$1 = \frac{1}{\lambda_i}\lambda_i = \left(\frac{u_i}{\lambda_1} + \frac{v_i}{\lambda_n}\right)(\lambda_1 u_i + \lambda_n v_i) =$$

$$(u_i + v_i)^2 + \frac{v_i u_i (\lambda_1 - \lambda_n)^2}{\lambda_1 \lambda_n}$$

可推得 $u_i + v_i \leqslant 1, i = 1, \cdots, n$.

记

$$u = \sum_{i=1}^{n} \xi_i u_i$$

$$v = \sum_{i=1}^{n} \xi_i v_i$$

则有

$$u + v = \sum_{i=1}^{n} \xi_i (u_i + v_i) \leqslant \sum_{i=1}^{n} \xi_i = 1 \tag{7}$$

于是

$$\left(\sum_{i=1}^{n} \lambda_i \xi_i\right)\left(\sum_{i=1}^{n} \frac{\xi_i}{\lambda_i}\right) =$$

$$(\lambda_1 u + \lambda_n v)\left(\frac{u}{\lambda_1} + \frac{v}{\lambda_n}\right) =$$

$$(u + v)^2 + uv\,\frac{(\lambda_1 + \lambda_n)^2}{\lambda_1 \lambda_n} =$$

$$(u + v)^2 \left[1 + \frac{4uv}{(u + v)^2}\,\frac{(\lambda_1 - \lambda_n)^2}{4\lambda_1 \lambda_n}\right] \leqslant$$

$$1 + \frac{(\lambda_1 - \lambda_n)^2}{4\lambda_1 \lambda_n} = \frac{(\lambda_1 + \lambda_n)^2}{4\lambda_1 \lambda_n}$$

于是(5)得证，容易验证，当 $\boldsymbol{x} = (\boldsymbol{\varphi}_1 + \boldsymbol{\varphi}_n)/\sqrt{2}$ 时，等号

成立，定理证毕.

综合(3)和(4)，我们有

$$1 \leqslant \frac{\boldsymbol{x}^* \boldsymbol{A}\boldsymbol{x}\boldsymbol{x}^* \boldsymbol{A}^{-1}\boldsymbol{x}}{(\boldsymbol{x}^* \boldsymbol{x})^2} \leqslant \frac{(\lambda_1+\lambda_n)^2}{4\lambda_1\lambda_n} \tag{8}$$

另一方面，式(4)可写为

$$\boldsymbol{x}^* \boldsymbol{A}\boldsymbol{x} \cdot \boldsymbol{x}^* \boldsymbol{A}^{-1}\boldsymbol{x} \leqslant \frac{(\lambda_1+\lambda_n)^2}{4\lambda_1\lambda_n}(\boldsymbol{x}^* \boldsymbol{x})^2 \tag{9}$$

从这个意义上说，Kantorovich 不等式(9)是 Cauchy-Schwarz 不等式(2)的“逆”形式.

注 1　Kantorovich 不等式还有许多种证明. 作为上节的 Wielandt 不等式的一个应用，下面扼要介绍另外一种证法.

令

$$\boldsymbol{y} = \|\boldsymbol{x}\|^2(\boldsymbol{A}^{-1}\boldsymbol{x}) - (\boldsymbol{x}^* \boldsymbol{A}^{-1}\boldsymbol{x})\boldsymbol{x} \tag{10}$$

它满足 $\boldsymbol{x}^* \boldsymbol{y}=0$，且

$$\boldsymbol{A}\boldsymbol{y} = \|\boldsymbol{x}\|^2\boldsymbol{x} - (\boldsymbol{x}^* \boldsymbol{A}^{-1}\boldsymbol{x})\boldsymbol{A}\boldsymbol{x} \tag{11}$$

$$\boldsymbol{x}^* \boldsymbol{A}\boldsymbol{y} = \|\boldsymbol{x}\|^4 - (\boldsymbol{x}^* \boldsymbol{A}^{-1}\boldsymbol{x})(\boldsymbol{x}^* \boldsymbol{A}\boldsymbol{x}) \tag{12}$$

$$\boldsymbol{y}^* \boldsymbol{A}\boldsymbol{y} = -(\boldsymbol{x}^* \boldsymbol{A}^{-1}\boldsymbol{x})(\boldsymbol{y}^* \boldsymbol{A}\boldsymbol{x}) \tag{13}$$

从式(13)立即推出 $\boldsymbol{y}^* \boldsymbol{A}\boldsymbol{x} = \boldsymbol{x}^* \boldsymbol{A}\boldsymbol{y} \leqslant 0$. 将 Wielandt 不等式改写为

$$|\boldsymbol{x}^* \boldsymbol{A}\boldsymbol{y}|^2 \leqslant \cos^2\theta \boldsymbol{x}^* \boldsymbol{A}\boldsymbol{x} \cdot \boldsymbol{y}^* \boldsymbol{A}\boldsymbol{y} \tag{14}$$

将式(13)代入上式，得

$$|\boldsymbol{x}^* \boldsymbol{A}\boldsymbol{y}|^2 \leqslant \cos^2\theta \boldsymbol{x}^* \boldsymbol{A}\boldsymbol{x}\boldsymbol{x}^* \boldsymbol{A}^{-1}\boldsymbol{x}(-\boldsymbol{y}^* \boldsymbol{A}\boldsymbol{x})$$

因 $\boldsymbol{x}^* \boldsymbol{A}\boldsymbol{y} \leqslant 0$，于是

$$-\boldsymbol{x}^* \boldsymbol{A}\boldsymbol{y} \leqslant \cos^2\theta \boldsymbol{x}^* \boldsymbol{A}\boldsymbol{x}\boldsymbol{x}^* \boldsymbol{A}^{-1}\boldsymbol{x}$$

在式(12)中，利用这个不等式，得到

$$\|\boldsymbol{x}\|^4 \geqslant (1-\cos^2\theta)\boldsymbol{x}^* \boldsymbol{A}\boldsymbol{x}\boldsymbol{x}^* \boldsymbol{A}^{-1}\boldsymbol{x} = \frac{4\lambda_1\lambda_n}{(\lambda_1+\lambda_n)^2}\boldsymbol{x}^* \boldsymbol{A}\boldsymbol{x}\boldsymbol{x}^* \boldsymbol{A}^{-1}\boldsymbol{x}$$

此即式(4).

下面的定理是 Kantorovich 不等式的一个简单推广.

定理 2(Greub-Rheinboldt) 设 $\boldsymbol{A}$ 和 $\boldsymbol{B}$ 为两个正定 Hermite 阵，且 $\boldsymbol{AB}=\boldsymbol{BA}$，记 $\lambda_1\geqslant\cdots\geqslant\lambda_n$ 和 $\mu_1\geqslant\cdots\geqslant\mu_n$ 分别为 $\boldsymbol{A}$ 和 $\boldsymbol{B}$ 的特征值,则对任意非零向量 $\boldsymbol{x}$,有

$$\frac{\boldsymbol{x}^*\boldsymbol{A}^2\boldsymbol{x}\cdot\boldsymbol{x}^*\boldsymbol{B}^2\boldsymbol{x}}{(\boldsymbol{x}^*\boldsymbol{AB}^2\boldsymbol{x})^2}\leqslant\frac{(\lambda_1\mu_1+\lambda_n\mu_n)^2}{4\lambda_1\lambda_n\mu_1\mu_n}\tag{15}$$

证明 因为 $\boldsymbol{AB}=\boldsymbol{BA}$,根据已知,存在酉阵 $\boldsymbol{U}$,使得 $\boldsymbol{A}=\boldsymbol{U\Lambda U}^*$,$\boldsymbol{B}=\boldsymbol{UMU}^*$,这里 $\boldsymbol{\Lambda}=\mathrm{diag}(\lambda_1,\cdots,\lambda_n)$,$\boldsymbol{M}=\mathrm{diag}(\mu_{i_1},\cdots,\mu_{i_n})$. 命 $\boldsymbol{z}=(\boldsymbol{\Lambda M})^{1/2}\boldsymbol{U}^*\boldsymbol{x}$,$\boldsymbol{C}=\boldsymbol{\Lambda M}^{-1}=\mathrm{diag}\left(\frac{\lambda_1}{\mu_{i_1}},\cdots,\frac{\lambda_n}{\mu_{i_n}}\right)$. 应用 Kantorovich 不等式得

$$\frac{\boldsymbol{x}^*\boldsymbol{A}^2\boldsymbol{xx}^*\boldsymbol{B}^2\boldsymbol{x}}{(\boldsymbol{x}^*\boldsymbol{ABx})^2}=\frac{\boldsymbol{z}^*\boldsymbol{Czz}^*\boldsymbol{C}^{-1}\boldsymbol{x}}{(\boldsymbol{z}^*\boldsymbol{z})^2}\leqslant\frac{(\delta_1+\delta_n)^2}{4\delta_1\delta_n}$$

其中 $\delta_1=\max\limits_k\left\{\frac{\lambda_k}{\mu_{i_k}}\right\}$,$\delta_n=\min\limits_k\left\{\frac{\lambda_k}{\mu_{i_k}}\right\}$. 记上式右端为 d,则

$$d=\frac{(\delta_1+\delta_n)^2}{4\delta_1\delta_n}=\frac{\left(1+\frac{\delta_1}{\delta_n}\right)^2}{4\left(\frac{\delta_1}{\delta_n}\right)}$$

注意,d 是 $\frac{\delta_1}{\delta_n}$ 的单调增函数,若记 $\alpha_1=\frac{\mu_1}{\lambda_n}$,$\alpha_n=\frac{\mu_n}{\lambda_1}$,从 δ_1 和 δ_n 的定义,知

$$\frac{\alpha_1}{\alpha_n}\geqslant\frac{\delta_1}{\delta_n}$$

于是

$$d \leqslant \frac{\left(1+\frac{\alpha_1}{\alpha_n}\right)^2}{4\frac{\alpha_1}{\alpha_n}} = \frac{(\lambda_1\mu_1+\lambda_n\mu_n)^2}{4\lambda_1\lambda_n\mu_1\mu_n}$$

定理证毕.

现在我们考虑 Kantorovich 不等式的进一步推广. 在式(4) 中,若假设 $\boldsymbol{x}^*\boldsymbol{x}=1$,则 Kantorovich 不等式变为

$$\boldsymbol{x}^*\boldsymbol{A}\boldsymbol{x}\boldsymbol{x}^*\boldsymbol{A}^{-1}\boldsymbol{x} \leqslant \frac{(\lambda_1+\lambda_n)^2}{4\lambda_1\lambda_n} \tag{16}$$

进一步的推广是将 $n\times 1$ 向量 $\boldsymbol{x}$ 换成 $n\times p$ 矩阵 $\boldsymbol{X}$,然后取其行列式,给出 $\det(\boldsymbol{X}^*\boldsymbol{A}\boldsymbol{X})\cdot\det(\boldsymbol{X}^*\boldsymbol{A}^{-1}\boldsymbol{X})$ 的上界. 关于这一点,Bloomfield 和 Watson(1975) 在研究线性模型参数估计效率问题时证明了下面的定理.

定理 3(Bloomfield-Waston)　设 $\boldsymbol{A}$ 为 $n\times n$ 实对称正定阵,$\boldsymbol{X}$ 为 $n\times p$ 实矩阵满足 $\boldsymbol{X}^{\mathrm{T}}\boldsymbol{X}=\boldsymbol{I}_p$. 记 $\lambda_1\geqslant\cdots\geqslant\lambda_n$ 为 $\boldsymbol{A}$ 的特征值. 又 $n\geqslant 2p$,则

$$\det(\boldsymbol{X}^{\mathrm{T}}\boldsymbol{A}\boldsymbol{X})\cdot\det(\boldsymbol{X}^{\mathrm{T}}\boldsymbol{A}^{-1}\boldsymbol{X}) \leqslant \prod_{i=1}^{p}\frac{(\lambda_i+\lambda_{n-i+1})^2}{4\lambda_i\lambda_{n-i+1}} \tag{17}$$

证明　我们应用 Largrange 乘子法来证明. 记 $\boldsymbol{\Delta}$ 为 $p\times p$ 上三角阵,它的 $\frac{1}{2}p(p+1)$ 个非零元素对应于约束条件 $\boldsymbol{X}^{\mathrm{T}}\boldsymbol{X}-\boldsymbol{I}_p=0$,定义

$$F(\boldsymbol{X},\boldsymbol{\Delta}) = \ln\det(\boldsymbol{X}^{\mathrm{T}}\boldsymbol{A}^{-1}\boldsymbol{X}) + \ln\det(\boldsymbol{X}^{\mathrm{T}}\boldsymbol{A}\boldsymbol{X}) - 2\mathrm{tr}(\boldsymbol{X}^{\mathrm{T}}\boldsymbol{X}\boldsymbol{\Delta})$$

利用已知,我们有

$$\frac{\partial \ln\det(\boldsymbol{X}^{\mathrm{T}}\boldsymbol{A}^{-1}\boldsymbol{X})}{\partial\boldsymbol{X}} = 2\boldsymbol{A}^{-1}\boldsymbol{X}(\boldsymbol{X}^{\mathrm{T}}\boldsymbol{A}^{-1}\boldsymbol{X})^{-1}$$

$$\frac{\partial \ln \det(\boldsymbol{X}^{\mathrm{T}}\boldsymbol{A}\boldsymbol{X})}{\partial \boldsymbol{X}}=2\boldsymbol{A}\boldsymbol{X}(\boldsymbol{X}^{\mathrm{T}}\boldsymbol{A}\boldsymbol{X})^{-1}$$

$$\frac{\partial \mathrm{tr}(\boldsymbol{X}^{\mathrm{T}}\boldsymbol{X}\boldsymbol{\Delta})}{\partial \boldsymbol{X}}=\boldsymbol{X}(\boldsymbol{\Delta}+\boldsymbol{\Delta}^{\mathrm{T}})$$

对 $F(\boldsymbol{X},\boldsymbol{\Delta})$ 关于 $\boldsymbol{X}$ 求导数，并令其等于 0，得

$$\boldsymbol{A}\boldsymbol{X}(\boldsymbol{X}^{\mathrm{T}}\boldsymbol{A}\boldsymbol{X})^{-1}+\boldsymbol{A}^{-1}\boldsymbol{X}(\boldsymbol{X}^{\mathrm{T}}\boldsymbol{A}^{-1}\boldsymbol{X})^{-1}-\boldsymbol{X}(\boldsymbol{\Delta}+\boldsymbol{\Delta}^{\mathrm{T}})=0 \tag{18}$$

用 $\boldsymbol{X}$ 左乘上式可推出

$$\boldsymbol{\Delta}+\boldsymbol{\Delta}^{\mathrm{T}}=2\boldsymbol{I}_p$$

代入(18)，我们有

$$\boldsymbol{A}\boldsymbol{X}(\boldsymbol{X}^{\mathrm{T}}\boldsymbol{A}\boldsymbol{X})^{-1}+\boldsymbol{A}^{-1}\boldsymbol{X}(\boldsymbol{X}^{\mathrm{T}}\boldsymbol{A}^{-1}\boldsymbol{X})^{-1}=2\boldsymbol{X} \tag{19}$$

再用 $\boldsymbol{X}^{\mathrm{T}}\boldsymbol{A}$ 左乘上式

$$\boldsymbol{X}^{\mathrm{T}}\boldsymbol{A}^2\boldsymbol{X}(\boldsymbol{X}^{\mathrm{T}}\boldsymbol{A}\boldsymbol{X})^{-1}=2\boldsymbol{X}^{\mathrm{T}}\boldsymbol{A}\boldsymbol{X}-(\boldsymbol{X}^{\mathrm{T}}\boldsymbol{A}^{-1}\boldsymbol{X})^{-1} \tag{20}$$

因为上式右边两个矩阵是对称阵，于是左边的矩阵 $\boldsymbol{X}^{\mathrm{T}}\boldsymbol{A}^2\boldsymbol{X}$ 和 $(\boldsymbol{X}^{\mathrm{T}}\boldsymbol{A}\boldsymbol{X})^{-1}$ 是可交换的，因而 $\boldsymbol{X}^{\mathrm{T}}\boldsymbol{A}^2\boldsymbol{X}$ 和 $\boldsymbol{X}^{\mathrm{T}}\boldsymbol{A}\boldsymbol{X}$ 也是可交换的，由已知，存在正交阵使 $\boldsymbol{X}^{\mathrm{T}}\boldsymbol{A}^2\boldsymbol{X}$ 和 $\boldsymbol{X}^{\mathrm{T}}\boldsymbol{A}\boldsymbol{X}$ 同时对角化. 再由式(20) 可推知，$\boldsymbol{X}^{\mathrm{T}}\boldsymbol{A}\boldsymbol{X}$ 与 $\boldsymbol{X}^{\mathrm{T}}\boldsymbol{A}^{-1}\boldsymbol{X}$ 也可以用同一正交阵同时对角化，因为将 $\boldsymbol{X}$ 右乘一正交阵之后，式(17) 的左端保持不变，故我们假设 $\boldsymbol{X}^{\mathrm{T}}\boldsymbol{A}\boldsymbol{X}$ 和 $\boldsymbol{X}^{\mathrm{T}}\boldsymbol{A}^{-1}\boldsymbol{X}$ 已经是对角阵了.

记 $\boldsymbol{X}=(\boldsymbol{x}_1,\cdots,\boldsymbol{x}_p)$，则

$$\boldsymbol{X}^{\mathrm{T}}\boldsymbol{A}\boldsymbol{X}=\mathrm{diag}(\boldsymbol{x}_1^{\mathrm{T}}\boldsymbol{A}\boldsymbol{x}_1,\cdots,\boldsymbol{x}_p^{\mathrm{T}}\boldsymbol{A}\boldsymbol{x}_p)$$

$$\boldsymbol{X}^{\mathrm{T}}\boldsymbol{A}^{-1}\boldsymbol{X}=\mathrm{diag}(\boldsymbol{x}_1^{\mathrm{T}}\boldsymbol{A}^{-1}\boldsymbol{x}_1,\cdots,\boldsymbol{x}_p^{\mathrm{T}}\boldsymbol{A}^{-1}\boldsymbol{x}_p)$$

再记式(17) 左端为 $M(\boldsymbol{X})$，于是

$$M(\boldsymbol{X})=\prod_{i=1}^{p}\boldsymbol{x}_i^{\mathrm{T}}\boldsymbol{A}\boldsymbol{x}_i\boldsymbol{x}_i^{\mathrm{T}}\boldsymbol{A}^{-1}\boldsymbol{x}_i \tag{21}$$

同时，式(19) 变形为

$$\frac{\boldsymbol{A}\boldsymbol{x}_i}{\boldsymbol{x}_i^{\mathrm{T}}\boldsymbol{A}\boldsymbol{x}_i}+\frac{\boldsymbol{A}^{-1}\boldsymbol{x}_i}{\boldsymbol{x}_i^{\mathrm{T}}\boldsymbol{A}^{-1}\boldsymbol{x}_i}=2\boldsymbol{x}_i,i=1,\cdots,p \tag{22}$$

将上式左乘 $\mathbf{A}$，得

$$\frac{\mathbf{A}^2\boldsymbol{x}_i}{\boldsymbol{x}_i^{\mathrm{T}}\mathbf{A}\boldsymbol{x}_i}+\frac{\boldsymbol{x}_i}{\boldsymbol{x}_i^{\mathrm{T}}\mathbf{A}^{-1}\boldsymbol{x}_i}-2\mathbf{A}\boldsymbol{x}_i=0,i=1,\cdots,p \quad (23)$$

由此可以推知，对每个 i，$\boldsymbol{x}_i$ 和 $\mathbf{A}\boldsymbol{x}_i$ 位于最多由 $\mathbf{A}$ 的两个特征向量张成的子空间. 事实上，设 $\boldsymbol{\varphi}_1,\cdots,\boldsymbol{\varphi}_n$ 为 $\mathbf{A}$ 的对应于 $\lambda_1,\cdots,\lambda_n$ 的标准正交化特征向量. 则 $\boldsymbol{x}_i$ 可表为 $\boldsymbol{x}_i=\sum\limits_{j=1}^{n}\alpha_{ij}\boldsymbol{\varphi}_j,i=1,\cdots,p$. 于是

$$\mathbf{A}\boldsymbol{x}_i=\sum_{j=1}^{n}\alpha_{ij}\lambda_j\boldsymbol{\varphi}_j$$

$$\mathbf{A}^2\boldsymbol{x}_i=\sum_{j=1}^{n}\alpha_{ij}\lambda_j^2\boldsymbol{\varphi}_j$$

代入式(23)，我们有

$$\frac{\mathbf{A}^2\boldsymbol{x}_i}{\boldsymbol{x}_i^{\mathrm{T}}\mathbf{A}\boldsymbol{x}_i}+\frac{\boldsymbol{x}_i}{\boldsymbol{x}_i^{\mathrm{T}}\mathbf{A}^{-1}\boldsymbol{x}_i}-2\mathbf{A}\boldsymbol{x}_i=0,i=1,\cdots,p\Leftrightarrow$$

$$\sum_{j=1}^{n}\alpha_{ij}\left(\frac{\lambda_j^2}{\boldsymbol{x}_i^{\mathrm{T}}\mathbf{A}\boldsymbol{x}_i}+\frac{1}{\boldsymbol{x}_i^{\mathrm{T}}\mathbf{A}^{-1}\boldsymbol{x}_i}-2\lambda_j\right)\boldsymbol{\varphi}_j=0,i=1,\cdots,p\Leftrightarrow$$

$$\alpha_{ij}\left(\frac{\lambda_j^2}{\boldsymbol{x}_i^{\mathrm{T}}\mathbf{A}\boldsymbol{x}_i}+\frac{1}{\boldsymbol{x}_i^{\mathrm{T}}\mathbf{A}^{-1}\boldsymbol{x}_i}-2\lambda_j\right)=0$$

$$i=1,\cdots,p,j=1,\cdots,n$$

于是对每个固定的 i，若 $\alpha_{ij}\neq 0$，则特征值 λ_j 必为二次方程

$$\frac{u^2}{\boldsymbol{x}_i^{\mathrm{T}}\mathbf{A}\boldsymbol{x}_i}-2u+\frac{1}{\boldsymbol{x}_i^{\mathrm{T}}\mathbf{A}^{-1}\boldsymbol{x}_i}=0$$

的根. 因为此方程最多只有两个根，所以对固定的 i，最多只有两个 $\alpha_{ij}\neq 0$. 这就证明了每个 $\boldsymbol{x}_i$ 位于 $\mathbf{A}$ 的至多两个特征向量张成的子空间. 记对应的特征值为 a_i 和 b_i，根据二次方程根与系数关系，可得

$$\begin{cases}a_i+b_i=2\boldsymbol{x}_i^{\mathrm{T}}\mathbf{A}\boldsymbol{x}_i,i=1,\cdots,p\\ a_ib_i=\dfrac{\boldsymbol{x}_i^{\mathrm{T}}\mathbf{A}\boldsymbol{x}_i}{\boldsymbol{x}_i^{\mathrm{T}}\mathbf{A}^{-1}\boldsymbol{x}_i},i=1,\cdots,p\end{cases}$$

于是

$$\boldsymbol{x}_i^{\mathrm{T}}\boldsymbol{A}\boldsymbol{x}_i\boldsymbol{x}_i^{\mathrm{T}}\boldsymbol{A}^{-1}\boldsymbol{x}_i=\frac{(a_i+b_i)^2}{4a_ib_i},i=1,\cdots,p$$

容易看到 $\boldsymbol{x}_i^{\mathrm{T}}\boldsymbol{A}^{-1}\boldsymbol{x}_i\boldsymbol{x}_i^{\mathrm{T}}\boldsymbol{A}\boldsymbol{x}_i$ 的最大值不会出现在 $\boldsymbol{x}_i$ 和 $\boldsymbol{A}\boldsymbol{x}_i$ 只落在 $\boldsymbol{A}$ 的一个特征向量张成的子空间的情形. 因为我们假设了 $\boldsymbol{X}^{\mathrm{T}}\boldsymbol{X}=\boldsymbol{I}_p$，$\boldsymbol{X}^{\mathrm{T}}\boldsymbol{A}\boldsymbol{X}$ 和 $\boldsymbol{X}^{\mathrm{T}}\boldsymbol{A}^2\boldsymbol{X}$ 为对角阵，所以向量偶 $\{\boldsymbol{x}_1,\boldsymbol{A}\boldsymbol{x}_1\},\cdots,\{\boldsymbol{x}_p,\boldsymbol{A}\boldsymbol{x}_p\}$ 张成的 p 个子空间互相正交，因而数偶 $\{a_1,b_1\},\cdots,\{a_p,b_p\}$ 都彼此不同（重根按重数计），于是剩下的问题是从 $\lambda_1\geqslant\cdots\geqslant\lambda_n$ 中挑选出 $(a_1,\cdots,a_p)$ 和 $(b_1,\cdots,b_p)$，使

$$M(\boldsymbol{X})=\prod_{i=1}^{p}\boldsymbol{x}_i^{\mathrm{T}}\boldsymbol{A}\boldsymbol{x}_i\boldsymbol{x}_i^{\mathrm{T}}\boldsymbol{A}^{-1}\boldsymbol{x}_i=\prod_{i=1}^{p}\frac{(a_i+b_i)^2}{4a_ib_i}\tag{24}$$

达到最大值.

为了使式(24)达到最大，我们应首先选取 λ_1 和 λ_n 配成对，构成因子 $\frac{(\lambda_1+\lambda_n)^2}{4\lambda_1\lambda_n}$. 其次，再取 λ_2 和 λ_{n-1}，构成因子 $\frac{(\lambda_2+\lambda_{n-1})^2}{4\lambda_2\lambda_{n-1}}$. 类推下去，得到 $M(\boldsymbol{X})$ 的最大值

$$\prod_{i=1}^{p}\frac{(\lambda_i+\lambda_{n-i+1})^2}{4\lambda_i\lambda_{n-i+1}}$$

定理证毕.

推论 设 $\boldsymbol{A}$ 为 $n\times n$ 实对称正实阵，$\boldsymbol{X}$ 为 $n\times p$ 矩阵，其秩为 p，$\lambda_1\geqslant\cdots\geqslant\lambda_n$ 为 $\boldsymbol{A}$ 的特征值，$n\geqslant 2p$. 则

$$\frac{\det(\boldsymbol{X}^{\mathrm{T}}\boldsymbol{A}\boldsymbol{X})\cdot\det(\boldsymbol{X}^{\mathrm{T}}\boldsymbol{A}^{-1}\boldsymbol{X})}{(\det(\boldsymbol{X}^{\mathrm{T}}\boldsymbol{X}))^2}\leqslant\prod_{i=1}^{p}\frac{(\lambda_i+\lambda_{n-i+1})^2}{4\lambda_i\lambda_{n-i+1}}\tag{25}$$

证明 对 $\boldsymbol{X}$ 作 Schmidt 三角化分解，$\boldsymbol{X}=\widetilde{\boldsymbol{X}}\boldsymbol{R}$，这里 $\widetilde{\boldsymbol{X}}$ 为 $n\times p$ 矩阵，满足 $\widetilde{\boldsymbol{X}}^{\mathrm{T}}\widetilde{\boldsymbol{X}}=\boldsymbol{I}_p$，$\boldsymbol{R}$ 为 $p\times p$ 可逆上

三角阵. 于是

$$\frac{\det(\boldsymbol{X}^{\mathrm{T}}\boldsymbol{A}\boldsymbol{X})\cdot\det(\boldsymbol{X}^{\mathrm{T}}\boldsymbol{A}^{-1}\boldsymbol{X})}{(\det(\boldsymbol{X}^{\mathrm{T}}\boldsymbol{X}))^2}=$$

$$\det(\widetilde{\boldsymbol{X}}^{\mathrm{T}}\boldsymbol{A}\widetilde{\boldsymbol{X}})\cdot\det(\widetilde{\boldsymbol{X}}^{\mathrm{T}}\boldsymbol{A}^{-1}\widetilde{\boldsymbol{X}})$$

应用定理 3,推论得证.

注 2　关于 Kantorovich 不等式,还存在着许多其他形式的推广. 例如,Khatri 和 Rao(1981) 证明了:

(1) $$\frac{\det(\boldsymbol{X}^{\mathrm{T}}\boldsymbol{A}\boldsymbol{Y})\cdot\det(\boldsymbol{Y}^{\mathrm{T}}\boldsymbol{A}^{-1}\boldsymbol{X})}{\det(\boldsymbol{X}^{\mathrm{T}}\boldsymbol{X}\cdot\det(\boldsymbol{Y}^{\mathrm{T}}\boldsymbol{Y})}\leqslant\prod_{i=1}^{p}\frac{(\lambda_i+\lambda_{n-i+1})^2}{4\lambda_i\lambda_{n-i+1}},$$

其中 $\boldsymbol{X}$ 和 $\boldsymbol{Y}$ 皆为 $n\times p$ 矩阵,且 $r(\boldsymbol{X})=r(\boldsymbol{Y})=p$. $n>2p$,$\lambda_1\geqslant\cdots\geqslant\lambda_n$ 为正定阵 $\boldsymbol{A}$ 的特征值.

(2) $$\frac{\det(\boldsymbol{X}^{\mathrm{T}}\boldsymbol{A}^2\boldsymbol{X})\cdot\det(\boldsymbol{X}^{\mathrm{T}}\boldsymbol{B}^2\boldsymbol{X})}{(\det(\boldsymbol{X}^{\mathrm{T}}\boldsymbol{A}\boldsymbol{B}\boldsymbol{X}))^2}\leqslant\prod_{i=1}^{p}\frac{(\mu_i+\mu_{n-i+1})^2}{4\mu_i\mu_{n-i+1}},$$

其中 $\boldsymbol{A}$ 与 $\boldsymbol{B}$ 为正定实对称阵,且 $\boldsymbol{AB}=\boldsymbol{BA}$,$\mu_1\geqslant\cdots\geqslant\mu_n$ 为 $\boldsymbol{AB}^{-1}$ 的特征值.

关于 Kantorovich 不等式的其他一些矩阵形式的推广及其应用,将在下节中讨论.

1.7　约束的 Kantorovich 不等式及统计应用

本节我们首先把之前证明过的 Kantorovich 不等式推广到带约束的情形,然后导出相对效率不等式的一个改进结果及其矩阵形式,最后介绍它们的一些统计应用.

定理 1(约束的 Kantorovich 不等式)　设 $\boldsymbol{A}$ 为 $n\times n$ 正定阵,其特征值为 $\lambda_1\geqslant\cdots\geqslant\lambda_n$,$\boldsymbol{\varphi}_1,\cdots,\boldsymbol{\varphi}_n$ 为对应的标准正交化特征向量,设 $i_1,\cdots,i_k$ 为正整数,满足 $1\leqslant i_1<\cdots<i_k\leqslant n$,记 $\boldsymbol{\Phi}_1=(\boldsymbol{\varphi}_{i_1},\cdots,\boldsymbol{\varphi}_{i_k})$,则

康托洛维奇不等式

$$\sup_{x \in \mathcal{M}(\boldsymbol{\Phi})} \frac{\boldsymbol{x}^{\mathrm{T}}\boldsymbol{A}\boldsymbol{x}\boldsymbol{x}^{\mathrm{T}}\boldsymbol{A}^{-1}\boldsymbol{x}}{(\boldsymbol{x}^{\mathrm{T}}\boldsymbol{x})^2} = \frac{(\lambda_{i_1}+\lambda_{i_k})^2}{4\lambda_{i_1}\lambda_{i_k}} \tag{1}$$

证明　不失一般性，我们假设 $i_e = l, l = 1, \cdots, k$，此时 $\boldsymbol{\Phi}_1 = (\boldsymbol{\varphi}_1, \cdots, \boldsymbol{\varphi}_k)$. 记 $\boldsymbol{\Lambda}_1 = \mathrm{diag}(\lambda_1, \cdots, \lambda_k)$，则对任意 $\boldsymbol{x} \in \mathcal{M}(\boldsymbol{\Phi}_1)$，存在 $k \times 1$ 向量 $\boldsymbol{t}$，使得 $\boldsymbol{x} = \boldsymbol{\Phi}_1\boldsymbol{t}$，于是

$$\sup_{x \in \mathcal{M}(\boldsymbol{\Phi})} \frac{\boldsymbol{x}^{\mathrm{T}}\boldsymbol{A}\boldsymbol{x}\boldsymbol{x}^{\mathrm{T}}\boldsymbol{A}^{-1}\boldsymbol{x}}{(\boldsymbol{x}^{\mathrm{T}}\boldsymbol{x})^2} = \sup_{t} \frac{\boldsymbol{t}^{\mathrm{T}}\boldsymbol{\Lambda}_1\boldsymbol{t}\boldsymbol{t}^{\mathrm{T}}\boldsymbol{\Lambda}_1^{-1}\boldsymbol{t}}{(\boldsymbol{t}^{\mathrm{T}}\boldsymbol{t})^2} = \frac{(\lambda_1+\lambda_k)^2}{4\lambda_1\lambda_k}$$

这里最后一个等号应用了 Kantorovich 不等式(上节式(4)). 证毕.

注　当 $k = n$ 时，式(1)就变成无约束的 Kantorovich 不等式(上节式(4)).

现在我们返回到线性统计模型，并沿用前面的记号，得到下面的定理.

定理 2　对线性统计模型，设 $r(\boldsymbol{X}) = t, \boldsymbol{V} > 0$，$\lambda_1 \geqslant \cdots \geqslant \lambda_n$ 为 $\boldsymbol{V}$ 的特征值，$\boldsymbol{\varphi}_1, \cdots, \boldsymbol{\varphi}_n$ 为对应的标准正交化特征向量. 设 $\mathcal{M}(\boldsymbol{X}) \subset \mathcal{M}(\boldsymbol{\varphi}_{i_1}, \cdots, \boldsymbol{\varphi}_{i_k})$，这里 $1 \leqslant i_1 < \cdots < i_k \leqslant n$，则对一切可估函数 $\boldsymbol{c}^{\mathrm{T}}\beta$，有

$$\mathrm{RE}(\boldsymbol{c}^{\mathrm{T}}\hat{\beta}) = \begin{cases} 1, \text{若 } t = k & (2) \\ \dfrac{4\lambda_{i_1}\lambda_{i_k}}{(\lambda_{i_1}+\lambda_{i_k})^2}, \text{若 } t < k & (3) \end{cases}$$

这里 $\mathrm{RE}(\boldsymbol{c}^{\mathrm{T}}\hat{\beta})$ 的定义同前.

证明　若 $t = k$，则 $\mathcal{M}(\boldsymbol{X}) = \mathcal{M}(\boldsymbol{\varphi}_{i_1}, \cdots, \boldsymbol{\varphi}_{i_k})$，应用 LS 估计稳健性理论，对一切可估函数 $\boldsymbol{c}^{\mathrm{T}}\beta$，它的 LS 估计 $\boldsymbol{c}^{\mathrm{T}}\hat{\beta}$ 与 BLU 估计 $\boldsymbol{c}^{\mathrm{T}}\beta^*$ 相等，于是式(2)成立.

若 $t < k$，对 $\boldsymbol{X}$ 作奇异值分解 $\boldsymbol{X} = \boldsymbol{P}\boldsymbol{\Lambda}\boldsymbol{Q}^{\mathrm{T}}$，这里 $\boldsymbol{P}$ 和 $\boldsymbol{Q}$ 分别为 $n \times t$ 和 $p \times t$ 矩阵，满足 $\boldsymbol{P}^{\mathrm{T}}\boldsymbol{P} = \boldsymbol{I}_t, \boldsymbol{Q}^{\mathrm{T}}\boldsymbol{Q} = \boldsymbol{I}_t$，$\boldsymbol{\Lambda} = \mathrm{diag}(\delta_1, \cdots, \delta_t), \delta_i > 0, i = 1, \cdots, t$，对每个可估函数 $\boldsymbol{c}^{\mathrm{T}}\beta$，存在 $n \times 1$ 向量 $\boldsymbol{\alpha}$，使得 $\boldsymbol{c} = \boldsymbol{X}^{\mathrm{T}}\boldsymbol{\alpha}$. 记 $\boldsymbol{u} = \boldsymbol{P}^{\mathrm{T}}\boldsymbol{\alpha}$，利

用已知，得

$$\operatorname{var}(\boldsymbol{c}^{\mathrm{T}}\hat{\beta}) = \boldsymbol{\alpha}^{\mathrm{T}}\boldsymbol{P}\boldsymbol{P}^{\mathrm{T}}\boldsymbol{V}\boldsymbol{P}\boldsymbol{P}^{\mathrm{T}}\boldsymbol{\alpha} = \boldsymbol{u}^{\mathrm{T}}\boldsymbol{P}\boldsymbol{V}\boldsymbol{P}^{\mathrm{T}}\boldsymbol{u} \tag{4}$$

$$\operatorname{var}(\boldsymbol{c}^{\mathrm{T}}\beta^{*}) = \boldsymbol{\alpha}^{\mathrm{T}}\boldsymbol{X}(\boldsymbol{X}^{\mathrm{T}}\boldsymbol{V}^{-1}\boldsymbol{X})^{-1}\boldsymbol{X}^{\mathrm{T}}\boldsymbol{\alpha} = \boldsymbol{u}(\boldsymbol{P}^{\mathrm{T}}\boldsymbol{V}^{-1}\boldsymbol{P})^{-1}\boldsymbol{u} \geqslant \frac{(\boldsymbol{u}^{\mathrm{T}}\boldsymbol{u})^{2}}{\boldsymbol{u}^{\mathrm{T}}\boldsymbol{P}^{\mathrm{T}}\boldsymbol{V}^{-1}\boldsymbol{P}\boldsymbol{u}} \tag{5}$$

在最后一步应用了 Cauchy-schwarz 不等式，由式(4)和式(5)我们有

$$\operatorname{RE}(\boldsymbol{c}^{\mathrm{T}}\hat{\beta}) = \frac{(\boldsymbol{u}^{\mathrm{T}}\boldsymbol{u})^{2}}{\boldsymbol{u}^{\mathrm{T}}\boldsymbol{P}^{\mathrm{T}}\boldsymbol{V}\boldsymbol{P}\boldsymbol{u}\boldsymbol{u}^{\mathrm{T}}\boldsymbol{P}^{\mathrm{T}}\boldsymbol{V}^{-1}\boldsymbol{P}\boldsymbol{u}} = \frac{(\tilde{\boldsymbol{u}}^{\mathrm{T}}\tilde{\boldsymbol{u}})^{2}}{\tilde{\boldsymbol{u}}^{\mathrm{T}}\boldsymbol{V}\tilde{\boldsymbol{u}}\tilde{\boldsymbol{u}}^{\mathrm{T}}\boldsymbol{V}^{-1}\tilde{u}} \geqslant \frac{4\lambda_{i_1}\lambda_{i_k}}{(\lambda_{i_1}+\lambda_{i_k})^{2}}$$

其中 $\tilde{\boldsymbol{u}} = \boldsymbol{P}\boldsymbol{u} = \boldsymbol{P}\boldsymbol{P}^{\mathrm{T}}\boldsymbol{\alpha} \in \mathscr{M}(\boldsymbol{X}) \subset \mathscr{M}(\boldsymbol{\varphi}_{i_1}, \cdots, \boldsymbol{\varphi}_{i_k})$. 上面的不等号是由于定理 1. 证毕.

因 $\mathscr{M}(\boldsymbol{X}) \subset \mathscr{M}(\boldsymbol{\varphi}_1, \cdots, \boldsymbol{\varphi}_n)$ 总是成立的，所以在式(3)中，最优下界对应于包含 $\mathscr{M}(\boldsymbol{X})$ 的最小特征子空间.

上面这两个定理是由本书作者之一和邵军证明的. 该文还列举了许多线性统计模型的例子，说明它们的设计阵 $\boldsymbol{X}$ 与误差协方差阵的特征向量之间确实存在着形如 $\mathscr{M}(\boldsymbol{X}) \subset \mathscr{M}(\boldsymbol{\varphi}_{i_1}, \cdots, \boldsymbol{\varphi}_{i_k})$ 的关系.

现在我们来导出 Kantorovich 不等式的矩阵形式.

对任一可估函数 $\boldsymbol{c}^{\mathrm{T}}\beta$，存在 $\boldsymbol{\alpha}$，使得 $\boldsymbol{c} = \boldsymbol{X}^{\mathrm{T}}\boldsymbol{\alpha}$. 如果 $\mathscr{M}(\boldsymbol{X}) \subset \mathscr{M}(\boldsymbol{\varphi}_{i_1}, \cdots, \boldsymbol{\varphi}_{i_k})$ 成立，那么由定理 2，得

$$\operatorname{RE}(\boldsymbol{c}^{\mathrm{T}}\hat{\beta}) = \operatorname{RE}(\boldsymbol{\alpha}^{\mathrm{T}}\boldsymbol{X}\hat{\beta}) \geqslant \frac{4\lambda_{i_1}\lambda_{i_k}}{(\lambda_{i_1}+\lambda_{i_k})^{2}}$$

即

$$\boldsymbol{\alpha}^{\mathrm{T}}\boldsymbol{P}_x\boldsymbol{V}\boldsymbol{P}_x\boldsymbol{\alpha} \leqslant \frac{(\lambda_{i_1}+\lambda_{i_k})^{2}}{4\lambda_{i_1}\lambda_{i_k}}\boldsymbol{\alpha}^{\mathrm{T}}\boldsymbol{X}(\boldsymbol{X}^{\mathrm{T}}\boldsymbol{V}^{-1}\boldsymbol{X}) - \boldsymbol{X}^{\mathrm{T}}\boldsymbol{\alpha}$$

其中 $\boldsymbol{P}_x=\boldsymbol{X}(\boldsymbol{X}^{\mathrm{T}}\boldsymbol{X})^{-}\boldsymbol{X}^{\mathrm{T}}$. 由 $\boldsymbol{\alpha}$ 的任意性,得

$$\boldsymbol{P}_x\boldsymbol{V}\boldsymbol{P}_x\leqslant\frac{(\lambda_{i_1}+\lambda_{i_k})^2}{4\lambda_{i_1}\lambda_{i_k}}\boldsymbol{X}(\boldsymbol{X}^{\mathrm{T}}\boldsymbol{V}^{-1}\boldsymbol{X})^{-}\boldsymbol{X}^{\mathrm{T}}$$

容易验证,上式等价于

$$\boldsymbol{X}^{\mathrm{T}}\boldsymbol{V}\boldsymbol{X}\leqslant\frac{(\lambda_{i_1}+\lambda_{i_k})^2}{4\lambda_{i_1}\lambda_{i_k}}\boldsymbol{X}^{\mathrm{T}}\boldsymbol{X}(\boldsymbol{X}^{\mathrm{T}}\boldsymbol{V}^{-1}\boldsymbol{X})^{-}\boldsymbol{X}^{\mathrm{T}}\boldsymbol{X}$$

用 $\boldsymbol{A}^{-1}$ 代替 $\boldsymbol{V}$,我们就证明了如下事实.

定理 3 设 $\boldsymbol{A}$ 为 $n\times n$ 实对称正定阵. $\lambda_1\geqslant\cdots\geqslant\lambda_n$ 为 $\boldsymbol{A}$ 的特征值, $\boldsymbol{\varphi}_1,\cdots,\boldsymbol{\varphi}_n$ 为对应的标准正交化特征向量, $\boldsymbol{X}$ 为 $n\times p$ 矩阵,若存在 $1\leqslant i_1<\cdots<i_k\leqslant n$,使得 $\mathscr{M}(\boldsymbol{X})\subset\mathscr{M}(\boldsymbol{\varphi}_{i_1},\cdots,\boldsymbol{\varphi}_{i_k})$,则

$$\boldsymbol{X}^{\mathrm{T}}\boldsymbol{A}^{-1}\boldsymbol{X}\leqslant\frac{(\lambda_{i_1}+\lambda_{i_k})^2}{4\lambda_{i_1}\lambda_{i_k}}\boldsymbol{X}^{\mathrm{T}}\boldsymbol{X}(\boldsymbol{X}^{\mathrm{T}}\boldsymbol{A}\boldsymbol{X})^{-}\boldsymbol{X}^{\mathrm{T}}\boldsymbol{X}\tag{6}$$

特别,当 $\boldsymbol{X}^{\mathrm{T}}\boldsymbol{X}=\boldsymbol{I}_p$ 时

$$\boldsymbol{X}^{\mathrm{T}}\boldsymbol{A}^{-1}\boldsymbol{X}\leqslant\frac{(\lambda_{i_1}+\lambda_{i_k})^2}{4\lambda_{i_1}\lambda_{i_k}}(\boldsymbol{X}^{\mathrm{T}}\boldsymbol{A}\boldsymbol{X})^{-1}\tag{7}$$

因为 $\mathscr{M}(\boldsymbol{X})\subset\mathscr{M}(\boldsymbol{\varphi}_1,\cdots,\boldsymbol{\varphi}_n)$ 总成立,所以我们立即得到如下推论.

推论 设 $\boldsymbol{A}$ 为 n 阶实对称正定阵, $\lambda_1\geqslant\cdots\geqslant\lambda_n$ 为其特征值, $\boldsymbol{X}$ 为任一 $n\times p$ 矩阵,则

$$\boldsymbol{X}^{\mathrm{T}}\boldsymbol{A}^{-1}\boldsymbol{X}\leqslant\frac{(\lambda_1+\lambda_n)^2}{4\lambda_1\lambda_n}\boldsymbol{X}^{\mathrm{T}}\boldsymbol{X}(\boldsymbol{X}^{\mathrm{T}}\boldsymbol{A}\boldsymbol{X})^{-}\boldsymbol{X}^{\mathrm{T}}\boldsymbol{X}$$

特别,当 $\boldsymbol{X}^{\mathrm{T}}\boldsymbol{X}=\boldsymbol{I}_p$ 时

$$\boldsymbol{X}^{\mathrm{T}}\boldsymbol{A}^{-1}\boldsymbol{X}\leqslant\frac{(\lambda_1+\lambda_n)^2}{4\lambda_1\lambda_n}(\boldsymbol{X}^{\mathrm{T}}\boldsymbol{A}\boldsymbol{X})^{-1}$$

1.8 优化中的 Kantorovich 不等式

Kantorovich 不等式在统计、优化和非线性方程数

值解方面有许多重要应用. 前面曾对此不等式进行过讨论,现在再罗列其他一些证明方法. 本节首先将利用优化方法证明这一结果.

考虑优化问题

$$\begin{cases}\min\limits_{t,x} t \\ \text{s.t.}\quad t(\boldsymbol{x}^{\mathrm{T}}\boldsymbol{A}\boldsymbol{x})(\boldsymbol{x}^{\mathrm{T}}\boldsymbol{A}^{-1}\boldsymbol{x})-(\boldsymbol{x}^{\mathrm{T}}\boldsymbol{x})^2\geqslant 0\end{cases}\tag{1}$$

该问题的最优目标值介于 0 和 1 之间. 该问题的 Lagrange 函数为

$$L(\boldsymbol{t},\boldsymbol{x},\mu)=\boldsymbol{t}-\mu[\boldsymbol{t}(\boldsymbol{x}^{\mathrm{T}}\boldsymbol{A}\boldsymbol{x})(\boldsymbol{x}^{\mathrm{T}}\boldsymbol{A}^{-1}\boldsymbol{x})-(\boldsymbol{x}^{\mathrm{T}}\boldsymbol{x})^2]$$

于是由一阶最优性必要条件知道

$$\begin{aligned}\nabla L_t&=1-\mu(\boldsymbol{x}^{\mathrm{T}}\boldsymbol{A}\boldsymbol{x})(\boldsymbol{x}^{\mathrm{T}}\boldsymbol{A}^{-1}\boldsymbol{x})=0\\ \nabla L_x&=-\mu[2\boldsymbol{t}(\boldsymbol{x}^{\mathrm{T}}\boldsymbol{A}^{-1}\boldsymbol{x})\boldsymbol{A}\boldsymbol{x}+2\boldsymbol{t}(\boldsymbol{x}^{\mathrm{T}}\boldsymbol{A}\boldsymbol{x})\boldsymbol{A}^{-1}\boldsymbol{x}-\\ &\quad 4(\boldsymbol{x}^{\mathrm{T}}\boldsymbol{x})\boldsymbol{x}]=0\end{aligned}\tag{2}$$

由条件式(2) 的第一式知 $\mu\neq 0$. 然后由第二式知

$$\boldsymbol{t}(\boldsymbol{x}^{\mathrm{T}}\boldsymbol{A}^{-1}\boldsymbol{x})\boldsymbol{A}\boldsymbol{x}+\boldsymbol{t}(\boldsymbol{x}^{\mathrm{T}}\boldsymbol{A}\boldsymbol{x})\boldsymbol{A}^{-1}\boldsymbol{x}-2(\boldsymbol{x}^{\mathrm{T}}\boldsymbol{x})\boldsymbol{x}=0\tag{3}$$

用 $\boldsymbol{x}^{\mathrm{T}}$ 左乘式(3) 的两边,得到

$$\boldsymbol{t}=\frac{(\boldsymbol{x}^{\mathrm{T}}\boldsymbol{x})^2}{\boldsymbol{x}^{\mathrm{T}}\boldsymbol{A}^{-1}\boldsymbol{x}\cdot\boldsymbol{x}\boldsymbol{A}\boldsymbol{x}}\tag{4}$$

将其代入到式(3) 后左乘 $\boldsymbol{A}$,得到

$$\frac{\boldsymbol{x}^{\mathrm{T}}\boldsymbol{x}}{\boldsymbol{x}^{\mathrm{T}}\boldsymbol{A}^{-1}\boldsymbol{x}}+\frac{\boldsymbol{x}^{\mathrm{T}}\boldsymbol{x}}{\boldsymbol{x}^{\mathrm{T}}\boldsymbol{A}\boldsymbol{x}}\boldsymbol{A}^2\boldsymbol{x}-2\boldsymbol{A}\boldsymbol{x}=0\tag{5}$$

设 $\boldsymbol{\xi}_1,\cdots,\boldsymbol{\xi}_n$ 为 $\boldsymbol{A}$ 对应于特征值 $\lambda_1,\cdots,\lambda_n$ 的标准化特征向量,若 $\boldsymbol{x}=\sum\limits_{i=1}^{n}k_i\boldsymbol{\xi}_i$,则

$$\boldsymbol{A}\boldsymbol{x}=\sum_{i=1}^{n}k_i\lambda_i\boldsymbol{\xi}_i,\boldsymbol{A}^2\boldsymbol{x}=\sum_{i=1}^{n}k_i\lambda_i^2\boldsymbol{\xi}_i$$

代入到式(5),则

$$\sum_{i=1}^{n}k_i\left(\frac{\boldsymbol{x}^{\mathrm{T}}\boldsymbol{x}}{\boldsymbol{x}^{\mathrm{T}}\boldsymbol{A}^{-1}\boldsymbol{x}}+\frac{\boldsymbol{x}^{\mathrm{T}}\boldsymbol{x}}{\boldsymbol{x}^{\mathrm{T}}\boldsymbol{A}\boldsymbol{x}}\lambda_i^2-2\lambda_i\right)\boldsymbol{\xi}_i=0$$

由于 $\boldsymbol{\xi}_1,\cdots,\boldsymbol{\xi}_n$ 线性无关，则对每个固定的 $i=1,2,\cdots,n$ 有

$$k_i\left(\frac{\boldsymbol{x}^{\mathrm{T}}\boldsymbol{x}}{\boldsymbol{x}^{\mathrm{T}}\boldsymbol{A}^{-1}\boldsymbol{x}}+\frac{\boldsymbol{x}^{\mathrm{T}}\boldsymbol{x}}{\boldsymbol{x}^{\mathrm{T}}\boldsymbol{A}\boldsymbol{x}}\lambda_i^2-2\lambda_i\right)\boldsymbol{\xi}_i=0$$

若 $\boldsymbol{x}\neq 0$，则特征值 λ_i 满足二次方程

$$\frac{\boldsymbol{x}^{\mathrm{T}}\boldsymbol{x}}{\boldsymbol{x}^{\mathrm{T}}\boldsymbol{A}^{-1}\boldsymbol{x}}+\frac{\boldsymbol{x}^{\mathrm{T}}\boldsymbol{x}}{\boldsymbol{x}^{\mathrm{T}}\boldsymbol{A}\boldsymbol{x}}\alpha^2-2\alpha=0 \tag{6}$$

于是 $\boldsymbol{x}$ 位于最多由 $\boldsymbol{A}$ 的两个特征向量张成的子空间内. 进一步还可以假设 $\boldsymbol{x}^{\mathrm{T}}\boldsymbol{x}=1$，即

$$\boldsymbol{x}=\cos\theta\cdot\boldsymbol{\xi}_i+\sin\theta\cdot\boldsymbol{\xi}_j$$

其中，$\boldsymbol{\xi}_i$ 和 $\boldsymbol{\xi}_j$ 分别代表 $\boldsymbol{A}$ 关于特征值 λ_i 和 λ_j 的单位特征向量. 由根与系数的关系知道

$$\lambda_i+\lambda_j=\frac{2\boldsymbol{x}^{\mathrm{T}}\boldsymbol{A}\boldsymbol{x}}{\boldsymbol{x}^{\mathrm{T}}\boldsymbol{x}} \tag{7}$$

$$\lambda_i\lambda_j=\frac{\boldsymbol{x}^{\mathrm{T}}\boldsymbol{A}\boldsymbol{x}}{\boldsymbol{x}^{\mathrm{T}}\boldsymbol{A}^{-1}\boldsymbol{x}} \tag{8}$$

于是

$$\boldsymbol{x}^{\mathrm{T}}\boldsymbol{A}\boldsymbol{x}=\lambda_i\cos^2\theta+\lambda_j\sin^2\theta,\boldsymbol{x}^{\mathrm{T}}\boldsymbol{A}^{-1}\boldsymbol{x}=\frac{\cos^2\theta}{\lambda_i}+\frac{\sin^2\theta}{\lambda_j}$$

将其代入到式(8)，得到 $\cos^2\theta=\sin^2\theta$. 这样 $\theta=\frac{\pi}{4}$ 或者 $\frac{3\pi}{4}$. 再由式(4)得到

$$t=\frac{4\lambda_i\lambda_j}{(\lambda_i+\lambda_j)^2} \tag{9}$$

由于

$$\min_{i,j}\frac{4\lambda_i\lambda_j}{(\lambda_i+\lambda_j)^2}=\frac{4\lambda_1\lambda_n}{(\lambda_1+\lambda_n)^2}$$

于是可以得到下面结论.

定理 1 设 $\boldsymbol{A}$ 是对称正定矩阵，$\lambda_1,\cdots,\lambda_n$ 是 $\boldsymbol{A}$ 的

特征值. 则对任意非零向量 $\boldsymbol{x}$，有

$$\frac{(\boldsymbol{x}^{\mathrm{T}}\boldsymbol{A}\boldsymbol{x})(\boldsymbol{x}^{\mathrm{T}}\boldsymbol{A}^{-1}\boldsymbol{x})}{(\boldsymbol{x}^{\mathrm{T}}\boldsymbol{x})^2} \leqslant \frac{(\lambda_1+\lambda_n)^2}{4\lambda_1\lambda_n} \tag{10}$$

下面集中展示证明不等式(10)的几个方法，以拓展读者思路. 以下是针对正定 Hermite 矩阵 $\boldsymbol{A}$ 的.

证法 1　利用 Wielandt 不等式证明不等式(10)，为此令

$$\boldsymbol{y}=\boldsymbol{x}^*\boldsymbol{x}(\boldsymbol{A}^{-1}\boldsymbol{x})-(\boldsymbol{x}^*\boldsymbol{A}^{-1}\boldsymbol{x})\boldsymbol{x}$$

则 $\boldsymbol{y}^*\boldsymbol{x}=0$ 且

$$\boldsymbol{A}\boldsymbol{y}=\|\boldsymbol{x}\|^2\boldsymbol{x}-(\boldsymbol{x}^*\boldsymbol{A}^{-1}\boldsymbol{x})\boldsymbol{A}\boldsymbol{x}$$

$$\boldsymbol{x}^*\boldsymbol{A}\boldsymbol{y}=\|\boldsymbol{x}\|^4-(\boldsymbol{x}^*\boldsymbol{A}^{-1}\boldsymbol{x})(\boldsymbol{x}^*\boldsymbol{A}\boldsymbol{x})$$

$$\boldsymbol{y}^*\boldsymbol{A}\boldsymbol{y}=-(\boldsymbol{x}^*\boldsymbol{A}^{-1}\boldsymbol{x})(\boldsymbol{y}^*\boldsymbol{A}\boldsymbol{x})$$

将 $\boldsymbol{y}^*\boldsymbol{A}\boldsymbol{y}$ 代入到 Wielandt 不等式，则

$$|\boldsymbol{x}^*\boldsymbol{A}\boldsymbol{y}|^2 \leqslant \left(\frac{\lambda_1-\lambda_n}{\lambda_1+\lambda_n}\right)^2(\boldsymbol{x}^*\boldsymbol{A}\boldsymbol{x})(\boldsymbol{x}^*\boldsymbol{A}^{-1}\boldsymbol{x})(-\boldsymbol{y}^*\boldsymbol{A}\boldsymbol{x})$$

由于 $\boldsymbol{x}^*\boldsymbol{A}\boldsymbol{y}\leqslant 0$，则有

$$-\boldsymbol{x}^*\boldsymbol{A}\boldsymbol{y} \leqslant \left(\frac{\lambda_1-\lambda_n}{\lambda_1+\lambda_n}\right)^2(\boldsymbol{x}^*\boldsymbol{A}\boldsymbol{x})(\boldsymbol{x}^*\boldsymbol{A}^{-1}\boldsymbol{x})$$

于是

$$\|\boldsymbol{x}\|^4 \geqslant \left(1-\left(\frac{\lambda_1-\lambda_n}{\lambda_1+\lambda_n}\right)^2\right)(\boldsymbol{x}^*\boldsymbol{A}\boldsymbol{x})(\boldsymbol{x}^*\boldsymbol{A}^{-1}\boldsymbol{x})=$$

$$\frac{4\lambda_1\lambda_n}{(\lambda_1+\lambda_n)^2}\boldsymbol{x}^*\boldsymbol{A}\boldsymbol{x}\cdot\boldsymbol{x}^*\boldsymbol{A}^{-1}\boldsymbol{x}$$

即 Kantorovich 不等式(10)被满足.

证法 2　不妨设 $\boldsymbol{A}=\mathrm{diag}(\lambda_1,\lambda_2,\cdots,\lambda_n)$. 令

$$\phi(\lambda)=\frac{1}{\lambda},\ y_i=\frac{x_i^2}{\sum\limits_{j=1}^{n}|x_j|^2},\ i=1,2,\cdots,n$$

则

$$\frac{\boldsymbol{x}^*\boldsymbol{A}\boldsymbol{x}\cdot\boldsymbol{x}^*\boldsymbol{A}^{-1}\boldsymbol{x}}{(\boldsymbol{x}^*\boldsymbol{x})^2}=(\sum_{i=1}^{n}\lambda_i y_i)(\sum_{i=1}^{n}\phi(\lambda_i)y_i)\quad(11)$$

下面利用 ϕ 的凸性估计式(11) 的右端,为此设

$$\lambda=\sum_{i=1}^{n}\lambda_i y_i,\lambda_\phi=\sum_{i=1}^{n}\phi(\lambda_i)y_i$$

由于 $y_i\geqslant 0(i=1,2,\cdots,n)$, $\sum_{i=1}^{n}y_i=1$,故 $\lambda_n\leqslant\lambda\leqslant\lambda_1$. 这样每个 λ_i 都可以表示成为 λ_1 和 λ_n 的如下凸组合

$$\lambda_i=\frac{\lambda_1-\lambda_i}{\lambda_1-\lambda_n}\lambda_n+\frac{\lambda_i-\lambda_n}{\lambda_1-\lambda_n}\lambda_1$$

此外,由一元函数 ϕ 的凸性

$$\phi(\lambda_i)\leqslant\frac{\lambda_1-\lambda_i}{\lambda_1-\lambda_n}\phi(\lambda_n)+\frac{\lambda_i-\lambda_n}{\lambda_1-\lambda_n}\phi(\lambda_1)$$

于是

$$\lambda_\phi\leqslant\sum_{i=1}^{n}\left(\frac{\lambda_1-\lambda_i}{\lambda_1-\lambda_n}\phi(\lambda_n)+\frac{\lambda_i-\lambda_n}{\lambda_1-\lambda_n}\phi(\lambda_1)\right)y_i=$$

$$\sum_{i=1}^{n}\frac{\lambda_1+\lambda_n-\lambda_i}{\lambda_1\lambda_n}y_i=\frac{\lambda_1+\lambda_n-\lambda}{\lambda_1\lambda_n}$$

由式(11) 得到

$$\frac{\boldsymbol{x}^*\boldsymbol{A}\boldsymbol{x}\cdot\boldsymbol{x}^*\boldsymbol{A}^{-1}\boldsymbol{x}}{(\boldsymbol{x}^*\boldsymbol{x})^2}\leqslant\frac{\lambda(\lambda_1+\lambda_n-\lambda)}{\lambda_1\lambda_n}\leqslant$$

$$\max_{\lambda\in[\lambda_n,\lambda_1]}\frac{\lambda(\lambda_1+\lambda_n-\lambda)}{\lambda_1\lambda_n}=$$

$$\frac{(\lambda_1+\lambda_n)^2}{4\lambda_1\lambda_n}$$

证法 3 由证法 2 中的式(11) 有

$$\frac{\boldsymbol{x}^*\boldsymbol{A}\boldsymbol{x}\cdot\boldsymbol{x}^*\boldsymbol{A}^{-1}\boldsymbol{x}}{(\boldsymbol{x}^*\boldsymbol{x})^2}=\frac{\sum_{i=1}^{n}y_i\phi(\lambda_i)}{\phi(\sum_{i=1}^{n}y_i\lambda_i)}\quad(12)$$

由于 ϕ 是凸函数，因此点 $(\lambda, \sum_{i=1}^{n} y_i\phi(\lambda_i))$ 位于曲线点 $(\lambda, \phi(\lambda))$ 的上方．为使式(12)右端比值最大，$\sum_{i=1}^{n} y_i\phi(\lambda_i)$ 取值应该在联结边界两点 $\left(\lambda_1, \frac{1}{\lambda_1}\right)$ 和 $\left(\lambda_n, \frac{1}{\lambda_n}\right)$ 的弦上，即

$$(\sum_{i=1}^{n} y_i\lambda_i, \sum_{i=1}^{n} y_i\phi(\lambda_i)) =$$
$$(y_1\lambda_1 + y_n\lambda_n, y_1\phi(\lambda_1) + y_n\phi(\lambda_n))$$

于是

$$y_1\phi(\lambda_1) + y_n\phi(\lambda_n) =$$
$$\frac{y_1\lambda_n + y_n\lambda_1}{\lambda_1\lambda_n} = \frac{(1-y_n)\lambda_n + (1-y_1)\lambda_1}{\lambda_1\lambda_n} =$$
$$\frac{\lambda_1 + \lambda_n - y_1\lambda_1 - y_n\lambda_n}{\lambda_1\lambda_n} = \frac{\lambda_1 + \lambda_n - \lambda}{\lambda_1\lambda_n}$$

从而

$$\frac{\sum_{i=1}^{n} y_i\phi(\lambda_i)}{\phi(\sum_{i=1}^{n} y_i\lambda_i)} \leqslant \max_{\lambda\in[\lambda_n,\lambda_1]} \frac{\frac{\lambda_1 + \lambda_n - \lambda}{\lambda_1\lambda_n}}{\frac{1}{\lambda}} =$$
$$\frac{(\lambda_1 + \lambda_n)^2}{4\lambda_1\lambda_n} \tag{13}$$

证法4　简单修改以前的证明过程可以证明式(10)．对每个 $i=1,2,\cdots,n$，令

$$\lambda_i = \lambda_1 u_i + \lambda_n v_i, \frac{1}{\lambda_i} = \frac{u_i}{\lambda_1} + \frac{v_i}{\lambda_n}$$

容易验证 $u_i, v_i \geqslant 0, i=1,2,\cdots,n$．此外由于

$$(\lambda_1 u_i + \lambda_n v_i)\left(\frac{u_i}{\lambda_1} + \frac{v_i}{\lambda_n}\right) = (u_i + v_i)^2 + \frac{u_i v_i(\lambda_1 - \lambda_n)^2}{\lambda_1\lambda_n}$$

于是 $u_i+v_i\leqslant 1, i=1,2,\cdots,n$. 再令

$$u=\sum_{i=1}^{n}y_iu_i, v=\sum_{i=1}^{n}y_iv_i$$

y_i 如证法 2 中定义,下同. 则 $u+v=\sum_{i=1}^{n}y_i(u_i+v_i)\leqslant\sum_{i=1}^{n}y_i=1$. 这样一来

$$\begin{aligned}&\left(\sum_{i=1}^{n}y_i\lambda_i\right)\left(\sum_{i=1}^{n}\frac{y_i}{\lambda_i}\right)=\\&\left(\sum_{i=1}^{n}(\lambda_1u_i+\lambda_nv_i)y_i\right)\left(\sum_{i=1}^{n}\left(\frac{u_i}{\lambda_1}+\frac{v_i}{\lambda_n}\right)y_i\right)=\\&(\lambda_1u+\lambda_nv)\left(\frac{u}{\lambda_1}+\frac{v}{\lambda_n}\right)=\\&(u+v)^2+\frac{(\lambda_1-\lambda_n)^2}{\lambda_1\lambda_n}uv=\\&(u+v)^2\left[1+\frac{4uv}{(u+v)^2}\frac{(\lambda_1-\lambda_n)^2}{4\lambda_1\lambda_n}\right]\leqslant\\&1+\frac{(\lambda_1-\lambda_n)^2}{4\lambda_1\lambda_n}=\frac{(\lambda_1-\lambda_n)^2}{4\lambda_1\lambda_n}\end{aligned}$$

证法 5 构造辅助函数

$$\phi(t)=t^2\sum_{i=1}^{n}\frac{y_i}{\lambda_i}-t\frac{\lambda_1+\lambda_n}{\sqrt{\lambda_1\lambda_n}}+\sum_{i=1}^{n}\lambda_iy_i \qquad (14)$$

由于

$$\begin{aligned}&\phi(\sqrt{\lambda_1\lambda_n})=\lambda_1\lambda_n\sum_{i=1}^{n}\frac{y_i}{\lambda_i}-(\lambda_1+\lambda_n)+\sum_{i=1}^{n}\lambda_iy_i=\\&(\lambda_1+\lambda_n)(y_1+y_n-1)+\sum_{i=2}^{n-1}\left(\frac{\lambda_1\lambda_n}{\lambda_i}+\lambda_i\right)y_i=\\&-(\lambda_1+\lambda_n)+\sum_{i=2}^{n-1}y_i+\sum_{i=2}^{n-1}\left(\frac{\lambda_1\lambda_n}{\lambda_i}+\lambda_i\right)y_i=\\&\sum_{i=2}^{n-1}\frac{1}{\lambda_i}(\lambda_1-\lambda_i)(\lambda_n-\lambda_i)y_i\leqslant 0\end{aligned}$$

再根据判别式非负即可得证.

证法 6　应用基本不等式 $ab \leqslant \frac{(a+b)^2}{4}, a, b \in$ **R**. 由于

$$\left(\sum_{i=1}^{n}\lambda_i y_i\right)\left(\sum_{i=1}^{n}\frac{y_i}{\lambda_i}\right)=\left(\sum_{i=1}^{n}\frac{\lambda_i y_i}{\mu}\right)\left(\sum_{i=1}^{n}\frac{\mu y_i}{\lambda_i}\right)\leqslant \frac{1}{4}\left(\sum_{i=1}^{n}\frac{\lambda_i y_i}{\mu}+\sum_{i=1}^{n}\frac{\mu y_i}{\lambda_i}\right)^2 = \frac{1}{4}\left(\sum_{i=1}^{n}\left(\frac{\lambda_i}{\mu}+\frac{\mu}{\lambda_i}\right)y_i\right)^2$$

在上式中令 $\mu=\sqrt{\lambda_1\lambda_n}$，并利用不等式

$$\frac{\lambda_i}{\sqrt{\lambda_1\lambda_n}}+\frac{\sqrt{\lambda_1\lambda_n}}{\lambda_i}\leqslant\frac{\lambda_1}{\sqrt{\lambda_1\lambda_n}}\frac{\sqrt{\lambda_1\lambda_n}}{\lambda_1}$$

即可得证.

证法 7　由于函数 $\phi(t)=\frac{\lambda_n}{t}+\lambda_1 t$ 在区间 $\left[\frac{\lambda_n}{\lambda_1},1\right]$ 是凸函数，于是它在区间两端达到最大值，在内点 $t=\sqrt{\frac{\lambda_n}{\lambda_1}}$ 处达到最小值，于是有不等式

$$2\sqrt{\lambda_1\lambda_n}\leqslant\frac{\lambda_n}{t}+\lambda_1 t\leqslant\lambda_1+\lambda_n, t\in\left[\frac{\lambda_n}{\lambda_1},1\right] \tag{15}$$

或者等价地

$$\frac{2\sqrt{\lambda_1\lambda_n}}{\lambda_1+\lambda_n}\leqslant\frac{\lambda_n}{\lambda_1+\lambda_n}\frac{1}{t}+\frac{\lambda_1}{\lambda_1+\lambda_n}t\leqslant 1, t\in\left[\frac{\lambda_n}{\lambda_1},1\right] \tag{16}$$

于是对每个 $i=1,2,\cdots,n,\frac{\lambda_i}{\lambda_1}\in\left[\frac{\lambda_n}{\lambda_1},1\right]$，由右端不等式可以得到

$$\frac{\lambda_n}{\lambda_1+\lambda_n}\left(\frac{\lambda_i}{\lambda_1}\right)^{-1}+\frac{\lambda_1}{\lambda_1+\lambda_n}\frac{\lambda_i}{\lambda_1}\leqslant 1 \tag{17}$$

它又可以改写为

$$\frac{\lambda_i^{-1}}{\lambda_1^{-1}+\lambda_n^{-1}}+\frac{\lambda_i}{\lambda_1+\lambda_n}\leqslant 1 \tag{18}$$

由于 $\boldsymbol{y}^*\boldsymbol{y}=1$，于是

$$\boldsymbol{y}^*\left(\frac{\boldsymbol{\Lambda}}{\lambda_1+\lambda_n}+\frac{\boldsymbol{\Lambda}^{-1}}{\lambda_1^{-1}+\lambda_n^{-1}}\right)\boldsymbol{y}\leqslant 1 \tag{19}$$

由于

$$4\frac{\boldsymbol{y}^*\boldsymbol{\Lambda}\boldsymbol{y}}{\lambda_1+\lambda_n}\cdot\frac{\boldsymbol{y}^*\boldsymbol{\Lambda}^{-1}\boldsymbol{y}}{\lambda_1^{-1}+\lambda_n^{-1}}=$$
$$\left(\frac{\boldsymbol{y}^*\boldsymbol{\Lambda}\boldsymbol{y}}{\lambda_1+\lambda_n}+\frac{\boldsymbol{y}^*\boldsymbol{\Lambda}^{-1}\boldsymbol{y}}{\lambda_1^{-1}+\lambda_n^{-1}}\right)^2-$$
$$\left(\frac{\boldsymbol{y}^*\boldsymbol{\Lambda}\boldsymbol{y}}{\lambda_1+\lambda_n}-\frac{\boldsymbol{y}^*\boldsymbol{\Lambda}^{-1}\boldsymbol{y}}{\lambda_1^{-1}+\lambda_n^{-1}}\right)^2\leqslant 1$$

于是

$$\boldsymbol{y}^*\boldsymbol{\Lambda}\boldsymbol{y}\cdot\boldsymbol{y}^*\boldsymbol{\Lambda}^{-1}\boldsymbol{y}\leqslant\frac{\lambda_1+\lambda_n}{2}\cdot\frac{\lambda_1^{-1}+\lambda_n^{-1}}{2}$$

即 Kantorovich 不等式(10) 成立.

证法 8 归纳法. $n=2$ 时当然成立. 现假设 $n=k$ 时成立，以下证明当 $n=k+1$ 时结论也成立. 在区间 $[\lambda_{k+1},\lambda_1]$ 内点 λ_k 处对于点 $(\xi,\phi(\lambda))=\left(\xi,\frac{1}{\lambda}\right)$ 作线性插值，则

$$\frac{1}{\lambda_k}=\frac{t}{\lambda_1}+\frac{1-t}{\lambda_{k+1}} \tag{20}$$

容易验证

$$t=\frac{\lambda_1}{\lambda_k}\frac{\lambda_{k+1}-\lambda_k}{\lambda_{k+1}-\lambda_1}$$

满足不等关系

$$\lambda_k \leqslant t\lambda_1 + (1-t)\lambda_{k+1} \qquad (21)$$

于是

$$\left(\sum_{i=1}^{k+1}\lambda_i y_i\right)\left(\sum_{i=1}^{k+1}\frac{y_i}{\lambda_i}\right)=$$

$$\left(\sum_{i=2}^{k-1}\lambda_i y_i+\lambda_1 y_1+\lambda_k y_k+\lambda_{k+1}y_{k+1}\right)\cdot$$

$$\left(\sum_{i=2}^{k-1}\frac{y_i}{\lambda_i}+\frac{y_1}{\lambda_1}+\frac{y_k}{\lambda_k}+\frac{y_{k+1}}{\lambda_{k+1}}\right)\leqslant$$

$$\left(\sum_{i=2}^{k-1}\lambda_i y_i+\lambda_1 y_1+(t\lambda_1+(1-t)\lambda_{k+1})y_k+\lambda_{k+1}y_{k+1}\right)\cdot$$

$$\left(\sum_{i=2}^{k-1}\frac{y_i}{\lambda_i}+\frac{y_1}{\lambda_1}+\left(\frac{t}{\lambda_1}+\frac{1-t}{\lambda_{k+1}}\right)y_k+\frac{y_{k+1}}{\lambda_{k+1}}\right)=$$

$$\left(\sum_{i=2}^{k-1}\lambda_i y_i+\lambda_1(y_1+ty_k)+\lambda_{k+1}((1-t)y_k+y_{k+1})\right)\cdot$$

$$\left(\sum_{i=2}^{k-1}\frac{y_i}{\lambda_i}+\frac{1}{\lambda_1}(y_1+ty_k)+\right.$$

$$\left.\frac{1}{\lambda_{k+1}}((1-t)y_k+y_{k+1})\right)$$

上式右端归结为 $n=k$ 的情形，于是结论成立.

证法9　设 ξ 为一随机变量，概率分布为 $P(\xi=\lambda_i)=y_i, i=1,2,\cdots,n$. 则

$$E(\xi)E(\xi^{-1})=\left(\sum_{i=1}^{n}\lambda_i y_i\right)\left(\sum_{i=1}^{n}\lambda_i^{-1}y_i\right)$$

由于 $\xi^{-1}(\xi-\lambda_1)(\xi-\lambda_n)\leqslant 0$，所以

$$E(\xi^{-1}(\xi-\lambda_1)(\xi-\lambda_n))=$$
$$E(\xi-(\lambda_1+\lambda_n)+\lambda_1\lambda_n\xi^{-1})=$$
$$E(\xi)-(\lambda_1+\lambda_n)+\lambda_1\lambda_n E(\xi^{-1})\leqslant 0$$

即 $E(\xi)+\lambda_1\lambda_n E(\xi^{-1})\leqslant\lambda_1+\lambda_n$. 进而有

$$E(\xi)\cdot\lambda_1\lambda_n E(\xi^{-1})\leqslant\left(\frac{E(\xi)+\lambda_1\lambda_n E(\xi^{-1})}{2}\right)^2\leqslant$$

$$\left(\frac{\lambda_1+\lambda_n}{2}\right)^2$$

于是结论成立.

Kantorovich 不等式的矩阵形式在 1.4 节、1.5 节已有研究,后面的第 2 章还有进一步讨论.

1.9 Bloomfield-Watson-Knott 不等式

定理 1 设 $\boldsymbol{A}\in\boldsymbol{H}_{++}^{n}$,$\lambda_1\geqslant\lambda_2\geqslant\cdots\geqslant\lambda_n$ 是其特征值,$\boldsymbol{X}$ 为 $n\times p$ 阶实矩阵满足 $\boldsymbol{X}^{\mathrm{T}}\boldsymbol{X}=\boldsymbol{I}_p(n\geqslant 2p)$. 则

$$\det(\boldsymbol{X}^{\mathrm{T}}\boldsymbol{A}\boldsymbol{X})\cdot\det(\boldsymbol{X}^{\mathrm{T}}\boldsymbol{A}^{-1}\boldsymbol{X})\leqslant\prod_{i=1}^{p}\frac{(\lambda_i+\lambda_{n-i+1})^2}{4\lambda_i\lambda_{n-i+1}}\tag{1}$$

证明 考虑约束优化问题

$$\begin{cases}\min\limits_{\boldsymbol{X}}\ \ln\det(\boldsymbol{X}^{\mathrm{T}}\boldsymbol{A}\boldsymbol{X})+\ln\det(\boldsymbol{X}^{\mathrm{T}}\boldsymbol{A}^{-1}\boldsymbol{X})\\ \text{s. t.}\quad \boldsymbol{X}^{\mathrm{T}}\boldsymbol{X}-\boldsymbol{I}_p=0\end{cases}\tag{2}$$

的 Lagrange 松弛函数

$$L(\boldsymbol{X},\boldsymbol{\Lambda})=\ln\det(\boldsymbol{X}^{\mathrm{T}}\boldsymbol{A}\boldsymbol{X})+\ln\det(\boldsymbol{X}^{\mathrm{T}}\boldsymbol{A}^{-1}\boldsymbol{X})-2\mathrm{tr}((\boldsymbol{X}^{\mathrm{T}}\boldsymbol{X}-\boldsymbol{I}_p)\boldsymbol{\Lambda})$$

这里 $p\times p$ 阶矩阵 $\boldsymbol{\Lambda}$ 为 Lagrange 乘子,系数 2 的引入仅仅为了计算上的方便. 由于

$$\frac{\partial\ln\det(\boldsymbol{X}^{\mathrm{T}}\boldsymbol{A}\boldsymbol{X})}{\partial\boldsymbol{X}}=2\boldsymbol{A}\boldsymbol{X}(\boldsymbol{X}^{\mathrm{T}}\boldsymbol{A}\boldsymbol{X})^{-1}$$

$$\frac{\partial\ln\det(\boldsymbol{X}^{\mathrm{T}}\boldsymbol{A}^{-1}\boldsymbol{X})}{\partial\boldsymbol{X}}=2\boldsymbol{A}^{-1}\boldsymbol{X}(\boldsymbol{X}^{\mathrm{T}}\boldsymbol{A}^{-1}\boldsymbol{X})^{-1}$$

$$\frac{\partial\mathrm{tr}((\boldsymbol{X}^{\mathrm{T}}\boldsymbol{X}-\boldsymbol{I}_p)\boldsymbol{\Lambda})}{\partial\boldsymbol{X}}=\frac{\partial\mathrm{tr}(\boldsymbol{X}^{\mathrm{T}}\boldsymbol{X}\boldsymbol{\Lambda})}{\partial\boldsymbol{X}}=\boldsymbol{X}(\boldsymbol{\Lambda}+\boldsymbol{\Lambda}^{\mathrm{T}})$$

于是

$$L_{\boldsymbol{X}}(\boldsymbol{X},\boldsymbol{\Lambda})=\boldsymbol{A}\boldsymbol{X}(\boldsymbol{X}^{\mathrm{T}}\boldsymbol{A}\boldsymbol{X})^{-1}+\boldsymbol{A}^{-1}\boldsymbol{X}(\boldsymbol{X}^{\mathrm{T}}\boldsymbol{A}^{-1}\boldsymbol{X})^{-1}-\boldsymbol{X}(\boldsymbol{\Lambda}+\boldsymbol{\Lambda}^{\mathrm{T}})=0 \tag{3}$$

用 $\boldsymbol{X}^{\mathrm{T}}$ 左乘式(3)得到 $\boldsymbol{\Lambda}+\boldsymbol{\Lambda}^{\mathrm{T}}=2\boldsymbol{I}_p$，代回到式(3)得到

$$\boldsymbol{A}\boldsymbol{X}(\boldsymbol{X}^{\mathrm{T}}\boldsymbol{A}\boldsymbol{X})^{-1}+\boldsymbol{A}^{-1}\boldsymbol{X}(\boldsymbol{X}^{\mathrm{T}}\boldsymbol{A}^{-1}\boldsymbol{X})^{-1}=2\boldsymbol{X} \tag{4}$$

用 $\boldsymbol{X}^{\mathrm{T}}\boldsymbol{A}$ 左乘式(4)得到

$$\boldsymbol{X}^{\mathrm{T}}\boldsymbol{A}^2\boldsymbol{X}(\boldsymbol{X}^{\mathrm{T}}\boldsymbol{A}\boldsymbol{X})^{-1}=2\boldsymbol{X}^{\mathrm{T}}\boldsymbol{A}\boldsymbol{X}-(\boldsymbol{X}^{\mathrm{T}}\boldsymbol{A}^{-1}\boldsymbol{X})^{-1} \tag{5}$$

由于式(5)右边两个矩阵是对称的，因此左边的矩阵 $\boldsymbol{X}^{\mathrm{T}}\boldsymbol{A}^2\boldsymbol{X}$ 和 $(\boldsymbol{X}^{\mathrm{T}}\boldsymbol{A}\boldsymbol{X})^{-1}$ 可交换，这导致了 $\boldsymbol{X}^{\mathrm{T}}\boldsymbol{A}^2\boldsymbol{X}$ 和 $\boldsymbol{X}^{\mathrm{T}}\boldsymbol{A}\boldsymbol{X}$ 可交换. 于是存在正交矩阵使得 $\boldsymbol{X}^{\mathrm{T}}\boldsymbol{A}^2\boldsymbol{X}$ 和 $\boldsymbol{X}^{\mathrm{T}}\boldsymbol{A}\boldsymbol{X}$ 可同时对角化. 这样可以假设 $\boldsymbol{X}^{\mathrm{T}}\boldsymbol{A}^{-1}\boldsymbol{X}$ 和 $\boldsymbol{X}^{\mathrm{T}}\boldsymbol{A}\boldsymbol{X}$ 是对角矩阵. 记 $\boldsymbol{X}=(\boldsymbol{x}_1,\cdots,\boldsymbol{x}_p)$，则

$$\boldsymbol{X}^{\mathrm{T}}\boldsymbol{A}\boldsymbol{X}=\operatorname{diag}(\boldsymbol{x}_1^{\mathrm{T}}\boldsymbol{A}\boldsymbol{x}_1,\cdots,\boldsymbol{x}_p^{\mathrm{T}}\boldsymbol{A}\boldsymbol{x}_p)$$
$$\boldsymbol{X}^{\mathrm{T}}\boldsymbol{A}^{-1}\boldsymbol{X}=\operatorname{diag}(\boldsymbol{x}_1^{\mathrm{T}}\boldsymbol{A}^{-1}\boldsymbol{x}_1,\cdots,\boldsymbol{x}_p^{\mathrm{T}}\boldsymbol{A}^{-1}\boldsymbol{x}_p)$$

式(4)可以变形为

$$\frac{\boldsymbol{A}\boldsymbol{x}_i}{\boldsymbol{x}_i^{\mathrm{T}}\boldsymbol{A}\boldsymbol{x}_i}+\frac{\boldsymbol{A}^{-1}\boldsymbol{x}_i}{\boldsymbol{x}_i^{\mathrm{T}}\boldsymbol{A}^{-1}\boldsymbol{x}_i}=2\boldsymbol{x}_i,i=1,2,\cdots,p \tag{6}$$

在式(6)两边左乘 $\boldsymbol{A}$ 得到

$$\frac{\boldsymbol{A}^2\boldsymbol{x}_i}{\boldsymbol{x}_i^{\mathrm{T}}\boldsymbol{A}\boldsymbol{x}_i}+\frac{\boldsymbol{x}_i}{\boldsymbol{x}_i^{\mathrm{T}}\boldsymbol{A}^{-1}\boldsymbol{x}_i}-2\boldsymbol{A}\boldsymbol{x}_i=0,i=1,2,\cdots,p \tag{7}$$

上节定理 1 对每个 i，$\boldsymbol{x}_i$ 至多位于两个特征向量张成的子空间内，记对应的特征值为 μ_i 和 ν_i，则对于 $i=1,2,\cdots,p$，有

$$\begin{cases}\mu_i+\nu_i=2\boldsymbol{x}_i^{\mathrm{T}}\boldsymbol{A}\boldsymbol{x}_i\\ \mu_i\nu_i=\dfrac{\boldsymbol{x}_i^{\mathrm{T}}\boldsymbol{A}\boldsymbol{x}_i}{\boldsymbol{x}_i^{\mathrm{T}}\boldsymbol{A}^{-1}\boldsymbol{x}_i}\end{cases}$$

于是

$$\boldsymbol{x}_i^{\mathrm{T}}\boldsymbol{A}\boldsymbol{x}_i\cdot\boldsymbol{x}_i^{\mathrm{T}}\boldsymbol{A}^{-1}\boldsymbol{x}_i=\frac{(\mu_i+\nu_i)^2}{4\mu_i\nu_i},i=1,2,\cdots,p$$

令

$$M(\boldsymbol{x}) = \det(\boldsymbol{X}^{\mathrm{T}}\boldsymbol{A}\boldsymbol{X})\det(\boldsymbol{X}^{\mathrm{T}}\boldsymbol{A}^{-1}\boldsymbol{X}) =$$

$$\prod_{i=1}^{p} \boldsymbol{x}_i^{\mathrm{T}}\boldsymbol{A}\boldsymbol{x}_i \cdot \boldsymbol{x}_i^{\mathrm{T}}\boldsymbol{A}^{-1}\boldsymbol{x}_i$$

则

$$M(\boldsymbol{X}) = \prod_{i=1}^{p} \frac{(\mu_i + \nu_i)^2}{4\mu_i\nu_i}$$

由于$\boldsymbol{X}^{\mathrm{T}}\boldsymbol{X}=\boldsymbol{I}_p$，$\boldsymbol{X}^{\mathrm{T}}\boldsymbol{A}\boldsymbol{X}$和$\boldsymbol{X}^{\mathrm{T}}\boldsymbol{A}^2\boldsymbol{X}$为对角矩阵，所以向量偶$\{\boldsymbol{x}_1,\boldsymbol{A}\boldsymbol{x}_1\},\cdots,\{\boldsymbol{x}_p,\boldsymbol{A}\boldsymbol{x}_p\}$张开的子空间两两正交，于是数对$\{\mu_1,\nu_1\},\cdots,\{\mu_p,\nu_p\}$彼此不同. 为了使$M(\boldsymbol{x})$达到最大，故$\{\mu_1,\nu_1\}=\{\lambda_1,\lambda_n\}$，$\{\mu_2,\nu_2\}=\{\lambda_2,\lambda_{n-1}\}$，$\cdots$. 依此类推，得到$M(\boldsymbol{x})$的最大估计值

$$\prod_{i=1}^{p} \frac{(\lambda_i + \lambda_{n-i+1})^2}{4\lambda_i\lambda_{n-i+1}}$$

证毕.

不等式(1)由Durbin(1955)提出，直到20年后才被Bloomfield和Watson(1975)以及Knotl(1975)独立证明.

第2章 Kantorovich 型不等式

Kantorovich 型不等式是一类非常重要的矩阵不等式，前面已经花了较大篇幅对此进行了研究. 由于涉及的结果众多，这里再另启一章集中介绍这方面的最新成果.

为书写简便，本章引入如下记号

$$\Delta^n=\{\alpha=(\alpha_1,\cdots,\alpha_n)\mid \alpha_i\geqslant 0,i=1,\cdots,n,\sum_{j=1}^{n}\alpha_j=1\} \quad (1)$$

$$\mu=\frac{f(\lambda_1)-f(\lambda_n)}{\lambda_1-\lambda_n} \quad (2)$$

2.1 Mond-Pečarić 方法

Mond 和 Pečarić(1993) 利用凸函数的特点，构造出十分精巧的矩阵不等式. 这一方法开辟了证明矩阵不等式的新途径，关于 Kantorovich 不等式的许多推广都是它的进一步发展.

引理 1 设 $\boldsymbol{A}\in\boldsymbol{H}^n$,$\boldsymbol{X}$ 是 $n\times p$ 阶矩阵满足 $\boldsymbol{X}^*\boldsymbol{X}=\boldsymbol{I}_p$. 若 $f(t)$ 是在闭区间$[\lambda_n,\lambda_1]$上的连续凸函数,则有 Löwner 偏序关系

$$\boldsymbol{X}^*f(\boldsymbol{A})\boldsymbol{X}\leqslant\frac{\lambda_1 f(\lambda_n)-\lambda_n f(\lambda_1)}{\lambda_1-\lambda_n}\boldsymbol{I}_p+\mu\boldsymbol{X}^*\boldsymbol{A}\boldsymbol{X} \tag{1}$$

或者等价地表示为

$$\boldsymbol{X}^*f(\boldsymbol{A})\boldsymbol{X}\leqslant f(\lambda_n)\boldsymbol{I}_p+\mu(\boldsymbol{X}^*\boldsymbol{A}\boldsymbol{X}-\lambda_n\boldsymbol{I}_p) \tag{2}$$

证明 设 $\boldsymbol{A}$ 有分解 $\boldsymbol{A}=\boldsymbol{U}^*\boldsymbol{\Lambda}\boldsymbol{U}$,其中 $\boldsymbol{U}^*\boldsymbol{U}=\boldsymbol{I}$ 且 $\boldsymbol{\Lambda}=\mathrm{diag}(\lambda_1,\cdots,\lambda_n)$. 由于 $f(t)$ 是$[\lambda_n,\lambda_1]$上的凸函数,则

$$f(t)\leqslant\frac{\lambda_1-t}{\lambda_1-\lambda_n}f(\lambda_n)+\frac{t-\lambda_n}{\lambda_1-\lambda_n}f(\lambda_1)=\frac{\lambda_1 f(\lambda_n)-\lambda_n f(\lambda_1)}{\lambda_1-\lambda_n}+\mu t$$

故对任意的 $i=1,2,\cdots,n$ 有

$$f(\lambda_i)\leqslant\frac{\lambda_1 f(\lambda_n)-\lambda_n f(\lambda_1)}{\lambda_1-\lambda_n}+\mu\lambda_i$$

于是得到 Löwner 序

$$f(\boldsymbol{\Lambda})\leqslant\frac{\lambda_1 f(\lambda_n)-\lambda_n f(\lambda_1)}{\lambda_1-\lambda_n}\boldsymbol{I}_n+\mu\boldsymbol{\Lambda}$$

两边分别左乘 $\boldsymbol{U}^*$ 和右乘 $\boldsymbol{U}$ 后得到

$$f(\boldsymbol{A})\leqslant\frac{\lambda_1 f(\lambda_n)-\lambda_n f(\lambda_1)}{\lambda_1-\lambda_n}\boldsymbol{I}_n+\mu\boldsymbol{A}$$

两边分别左乘 $\boldsymbol{X}^*$ 和右乘 $\boldsymbol{X}$ 便得到所要证明的结论. 证毕.

Mond 和 Pečarić 所获得的结果是基于不等式(1)的.

定理 1 设二元函数 $F(u,v)$ 在正方形区域$[\lambda_n$,

$\lambda_1]\times[\lambda_n,\lambda_1]$ 内连续，且关于第一个变量 u 单调增加. 在引理 1 的条件下，有如下结论成立

$$F(\boldsymbol{X}^* f(\boldsymbol{A})\boldsymbol{X}, f(\boldsymbol{X}^* \boldsymbol{A}\boldsymbol{X})) \leqslant K\boldsymbol{I}_p \tag{3}$$

这里

$$K=\max_{t\in[\lambda_n,\lambda_1]} F\left(\frac{\lambda_1 f(\lambda_n)-\lambda_n f(\lambda_1)}{\lambda_1-\lambda_n}+\mu t, f(t)\right) \tag{4}$$

证明 由假定知

$$F\left(\frac{\lambda_1 f(\lambda_n)-\lambda_n f(\lambda_1)}{\lambda_1-\lambda_n}+\mu t, f(t)\right)\leqslant K$$

$$\forall t\in[\lambda_n,\lambda_1]$$

采用类似引理 1 的证明方法，有

$$F\left(\frac{\lambda_1 f(\lambda_n)-\lambda_n f(\lambda_1)}{\lambda_1-\lambda_n}\boldsymbol{I}_n+\mu\boldsymbol{X}^* \boldsymbol{A}\boldsymbol{X}, f(\boldsymbol{X}^* \boldsymbol{A}\boldsymbol{X})\right)\leqslant K\boldsymbol{I}_p$$

再根据引理 1 知道所要证明的结论成立. 证毕.

定理1有许多重要应用. 设 $f(t)$ 在$[\lambda_n,1]$上可导，要使式(4) 的右端达到极大，必然有

$$\frac{\mathrm{d}}{\mathrm{d}t}\left(\frac{\lambda_1 f(\lambda_n)-\lambda_n f(\lambda_1)}{\lambda_1-\lambda_n}+\mu t, f(t)\right)=0 \tag{5}$$

例如取 $F(u,v)=\dfrac{u}{v}$ 并设 $\mu\neq 0$，极值点 t_0 满足方程

$$\mu f(t)-f'(t)(f(\lambda_n)+\mu(t-\lambda_n))=0 \tag{6}$$

这时最大值

$$K=\frac{f(\lambda_n)+\mu(t_0-\lambda_n)}{f(t_0)}=\frac{\mu}{f'(t_0)} \tag{7}$$

若 $\mu=0$，则最大值 M 在区间$[\lambda_n,\lambda_1]$的端点处达到，于是 $K=\dfrac{f(\lambda_n)}{f(t_0)}$.

定理 2 设 $\boldsymbol{A}\in\boldsymbol{H}_{++}^n$ 的最大和最小特征值为 λ_1，λ_n，$\boldsymbol{X}$ 是 $n\times p$ 阶矩阵满足 $\boldsymbol{X}^*\boldsymbol{X}=\boldsymbol{I}_p$. 则当 $p>1$ 或者 $p<0$ 时，有

$$\boldsymbol{X}^* \boldsymbol{A}^p \boldsymbol{X} \leqslant \gamma (\boldsymbol{X}^* \boldsymbol{A} \boldsymbol{X})^p \tag{8}$$

这里

$$\gamma = \frac{(p-1)^{p-1}}{p^p} = \frac{(\lambda_1^p - \lambda_n^p)^p}{(\lambda_1 - \lambda_n)(\lambda_n \lambda_1^p - \lambda_1 \lambda_n^p)^{p-1}} \tag{9}$$

证明　在定理 1 中取 $f(t) = t^p$ 和 $F(u,v) = \frac{u}{v}$ 即可. 证毕.

定理 3　设 $\boldsymbol{A} \in \boldsymbol{H}_{++}^n$ 的最大和最小特征值为 λ_1, λ_n, $\boldsymbol{X}$ 是 $n \times p$ 阶矩阵满足 $\boldsymbol{X}^* \boldsymbol{X} = \boldsymbol{I}_p$. 则当 $p > 1$ 或者 $p < 0$ 时,有

$$\boldsymbol{X}^* \boldsymbol{A}^p \boldsymbol{X} - (\boldsymbol{X}^* \boldsymbol{A} \boldsymbol{X})^p \leqslant \tau \boldsymbol{I} \tag{10}$$

这里

$$\tau = \lambda_n^p - \left(\frac{\lambda_1^p - \lambda_n^p}{p(\lambda_1 - \lambda_n)}\right)^{\frac{p}{p-1}} + \frac{\lambda_1^p - \lambda_n^p}{\lambda_1 - \lambda_n}\left[\left(\frac{\lambda_1^p - \lambda_n^p}{p(\lambda_1 - \lambda_n)}\right)^{\frac{1}{p-1}} - \lambda_n\right] \tag{11}$$

证明　在定理 1 中取 $f(t) = t^p$ 和 $F(u,v) = u - v$ 即可. 证毕.

利用式(8) 和式(10) 可以得到许多重要不等式. 例如, 在式(8) 中令 $p = -1$, 便得到著名的 Kantorovich 不等式

$$\boldsymbol{X}^* \boldsymbol{A}^{-1} \boldsymbol{X} \leqslant \frac{(\lambda_1 + \lambda_n)^2}{4\lambda_1 \lambda_n} (\boldsymbol{X}^* \boldsymbol{A} \boldsymbol{X})^{-1} \tag{12}$$

类似地,可以得到其他几个有用的矩阵不等式

$$\boldsymbol{X}^* \boldsymbol{A}^2 \boldsymbol{X} \leqslant \frac{(\lambda_1 + \lambda_n)^2}{4\lambda_1 \lambda_n} (\boldsymbol{X}^* \boldsymbol{A} \boldsymbol{X})^2 \tag{13}$$

$$(\boldsymbol{X}^* \boldsymbol{A} \boldsymbol{X})^{\frac{1}{2}} \leqslant \frac{\sqrt{\lambda_1} + \sqrt{\lambda_n}}{2\sqrt{\lambda_1 \lambda_n}} \boldsymbol{X}^* \boldsymbol{A}^{\frac{1}{2}} \boldsymbol{X} \tag{14}$$

和

$$\boldsymbol{X}^*\boldsymbol{A}^{-1}\boldsymbol{X}-(\boldsymbol{X}^*\boldsymbol{A}\boldsymbol{X})^{-1}\leqslant\frac{(\sqrt{\lambda_1}+\sqrt{\lambda_n})^2}{\lambda_1\lambda_n}\boldsymbol{I}_p \quad (15)$$

$$\boldsymbol{X}^*\boldsymbol{A}^2\boldsymbol{X}-(\boldsymbol{X}^*\boldsymbol{A}\boldsymbol{X})^2\leqslant\frac{(\lambda_1-\lambda_n)^2}{4}\boldsymbol{I}_p \quad (16)$$

$$(\boldsymbol{X}^*\boldsymbol{A}\boldsymbol{X})^{\frac{1}{2}}-\boldsymbol{X}^*\boldsymbol{A}^{\frac{1}{2}}\boldsymbol{X}\leqslant\frac{(\sqrt{\lambda_1}-\sqrt{\lambda_n})^2}{4(\sqrt{\lambda_1}+\sqrt{\lambda_n})}\boldsymbol{I}_p \quad (17)$$

若令 $\boldsymbol{A}=\mathrm{diag}(\boldsymbol{A}_1,\cdots,\boldsymbol{A}_m)$，$\boldsymbol{X}^*=(\boldsymbol{X}_1^*,\cdots,\boldsymbol{X}_m^*)$，其中每个 $\boldsymbol{A}_i$ 同阶，且特征值介于 λ_n 和 λ_1 之间，$\boldsymbol{X}_i$ 同形，且 $\sum_{i=1}^{m}\boldsymbol{X}_i^*\boldsymbol{X}_i=\boldsymbol{I}_p$. 则容易得到 Jensen 型矩阵不等式

$$\sum_{i=1}^{m}\boldsymbol{X}_i^*\boldsymbol{A}_i\boldsymbol{X}_i\leqslant\gamma(\boldsymbol{X}_i^*\boldsymbol{A}_i\boldsymbol{X}_i)^p \quad (18)$$

$$\sum_{i=1}^{m}\boldsymbol{X}_i^*\boldsymbol{A}_i\boldsymbol{X}_i\leqslant\tau\boldsymbol{I}_p+(\boldsymbol{X}_i^*\boldsymbol{A}_i\boldsymbol{X}_i)^p \quad (19)$$

这里 γ,τ 分别按照式(9) 和式(11) 来定义. 特别地，若 $\boldsymbol{X}_i=\boldsymbol{x}_i$ 是一个向量满足 $\sum_{i=1}^{m}\|\boldsymbol{x}_i\|^2=1$，则对任意整数 $p\neq 0,1$，有 FanKy 不等式

$$\sum_{i=1}^{m}\boldsymbol{x}_i^*\boldsymbol{A}_i^p\boldsymbol{x}_i\leqslant\gamma(\sum_{i=1}^{m}\boldsymbol{x}_i^*\boldsymbol{A}_i\boldsymbol{x}_i)^p \quad (20)$$

成立.

Lah 和 Ribarić(1973) 给了一个类似于定理 1 的结果.

定理 4　设 $f(t)$ 在 $[\lambda_n,\lambda_1]$ 内凸，$t_i\in[\lambda_n,\lambda_1]$，若 $\alpha\in\Delta^n$，则不等式

$$(\lambda_1-\lambda_n)\sum_{i=1}^{n}\alpha_i f(t_i)\leqslant f(\lambda_n)(\lambda_1-\sum_{i=1}^{n}\alpha_i t_i)+ f(\lambda_1)(\sum_{i=1}^{n}\alpha_i t_i-\lambda_n) \quad (21)$$

成立. 用$\dfrac{p_i a_i^2}{\sum\limits_{i=1}^{n} p_i a_i^2}$和$\dfrac{b_i}{a_i}$分别代替式(21)中的$\alpha_i$和$t_i$,容易获得如下不等式

$$\frac{\lambda_1-\lambda_n\sum\limits_{i=1}^{n}p_i f\left(\dfrac{b_i}{a_i}\right)}{\sum\limits_{i=1}^{n}p_i a_i^2}\leqslant f(\lambda_n)\left(\lambda_1-\frac{\sum\limits_{i=1}^{n}p_i a_i b_i}{\sum\limits_{i=1}^{n}p_i a_i^2}\right)+ f(\lambda_1)\left(\frac{\sum\limits_{i=1}^{n}p_i a_i b_i}{\sum\limits_{i=1}^{n}p_i a_i^2}-\lambda_n\right) \tag{22}$$

其中,$f(t)$ 在$[\lambda_n,\lambda_1]$内凸,$\lambda_n\leqslant\dfrac{b_i}{a_i}\leqslant\lambda_1$,$i=1,\cdots,n$.

在式(22)中令$f(t)=t^p$,$p\in(-\infty,0)\cup(1,\infty)$,则有

$$\sum_{i=1}^{n}\alpha_i a_i^{2-p}b_i^p+\frac{\lambda_n\lambda_1(\lambda_1^{p-1}-\lambda_n^{p-1})}{\lambda_1-\lambda_n}\sum_{i=1}^{n}\alpha_i a_i^2\leqslant \frac{\lambda_1^p-\lambda_n^p}{\lambda_1-\lambda_n}\sum_{i=1}^{n}\alpha_i a_i b_i \tag{23}$$

特别地,当 $p=2$ 时得到 Diaz-Metcalf 不等式.

2.2 Furuta 方法

Furuta 利用上节不等式(2)的向量形式获得了一组新的扩展 Kantorovich 矩阵不等式,其实质还是沿用 Mond 和 Pečarić 的思想. 由于两者处理技术上略有不同,这样导致了他们所获得的结果之间存在差异且互不包含. Furuta 方法的基本结果如下.

定理 1　设 $\boldsymbol{A}\in\boldsymbol{H}_{++}^{n}$ 且 $0<\lambda_n\boldsymbol{I}\leqslant\boldsymbol{A}\leqslant\lambda_1\boldsymbol{I}$，$f(t)$ 是$[\lambda_n,\lambda_1]$上连续凸函数. 若 $q>1$，$f(\lambda_1)>f(\lambda_n)$，$\frac{f(\lambda_1)}{\lambda_1}>\frac{f(\lambda_n)}{\lambda_n}$ 且 $\frac{f(\lambda_n)}{\lambda_n}q\leqslant\mu\leqslant\frac{f(\lambda_1)}{\lambda_1}q$，则对任意单位向量 $\boldsymbol{x}$，有

$$(f(\boldsymbol{A})\boldsymbol{x},\boldsymbol{x})\leqslant\frac{\lambda_n f(\lambda_1)-\lambda_1 f(\lambda_n)}{(q-1)(\lambda_1-\lambda_n)}\cdot\left(\frac{(q-1)(f(\lambda_1)-f(\lambda_n))}{q(\lambda_n f(\lambda_1)-\lambda_1 f(\lambda_n))}\right)^{q}(\boldsymbol{A}\boldsymbol{x},\boldsymbol{x})^{q}\tag{1}$$

若 $q<0$，$f(\lambda_1)<f(\lambda_n)$，$\frac{f(\lambda_1)}{\lambda_1}<\frac{f(\lambda_n)}{\lambda_n}$ 且 $\frac{f(\lambda_n)}{\lambda_n}q\leqslant\mu\leqslant\frac{f(\lambda_1)}{\lambda_1}q$，则上述不等式依然成立.

证明　由于 $f(t)$ 是$[\lambda_n,\lambda_1]$上的连续凸函数，则上节不等式(2) 的向量形式成立，即对于任意单位向量

$$(f(\boldsymbol{A})\boldsymbol{x},\boldsymbol{x})\leqslant f(\lambda_n)+\mu((\boldsymbol{A}\boldsymbol{x},\boldsymbol{x})-\lambda_n)\tag{2}$$

令 $t=(\boldsymbol{A}\boldsymbol{x},\boldsymbol{x})$，记

$$h(t)=\frac{1}{t^{q}}(f(\lambda_n)+\mu(t-\lambda_n))\tag{3}$$

则式(2) 变成

$$(f(\boldsymbol{A})\boldsymbol{x},\boldsymbol{x})\leqslant h(t)(\boldsymbol{A}\boldsymbol{x},\boldsymbol{x})^{q},t\in[\lambda_n,\lambda_1]\tag{4}$$

利用微分方法容易求出，当

$$t=\frac{q}{q-1}\cdot\frac{\lambda_n f(\lambda_1)-\lambda_1 f(\lambda_n)}{\lambda_1-\lambda_n}$$

时，$h(t)$ 在$[\lambda_n,\lambda_1]$上取极大值，且对于上面 $q>1$ 和 $q<0$ 两种情况均成立. 于是结论成立. 证毕.

值得注意的是，若在式(3) 中以 $g(t)$ 代替 t^{q}，则可以得到比式(1) 更一般的形式，详细讨论参见 2.4 节.

定理 2　设 $\boldsymbol{A}\in\boldsymbol{H}_{++}^{n}$ 且 $0<\lambda_n\boldsymbol{I}\leqslant\boldsymbol{A}\leqslant\lambda_1\boldsymbol{I}$. 则对

任意单位向量 $\boldsymbol{x}$，当 $p>1$ 或者 $p<0$ 时，不等式

$$(\boldsymbol{Ax},\boldsymbol{x})^p \leqslant (\boldsymbol{A}^p\boldsymbol{x},\boldsymbol{x}) \leqslant \kappa(\boldsymbol{Ax},\boldsymbol{x})^p \tag{5}$$

成立，其中

$$\kappa=\frac{\lambda_n\lambda_1^p-\lambda_1\lambda_n^p}{(p-1)(\lambda_1-\lambda_n)}\left(\frac{(p-1)(\lambda_1^p-\lambda_n^p)^p}{p(\lambda_n\lambda_1^p-\lambda_1\lambda_n^p)}\right)^p \tag{6}$$

证明　令 $f(t)=t^p$，则当 $p>1$ 或者 $p<0$ 时，$f(t)$ 在 $(0,+\infty)$ 上是凸函数. 应用定理 1 可以证明式 (5) 的右边结论. 左边结果直接利用 $f(t)$ 的凸性即可得证. 证毕.

不等式(5) 的左边结果又称为 Hölder-McCarthy 不等式(1967).

矩阵的幂运算一般不能保证矩阵之间的 Löwner 偏序关系，但是可以建立一些较弱的 Löwner 偏序关系. 为了获得这方面的结果，需要如下几个引理.

引理 1　设 $1<p<\infty$，$\frac{1}{p}+\frac{1}{q}=1$. 若 $t\geqslant 1$，则

$$0\leqslant (p-1)t-pt^{\frac{1}{q}}+1 \tag{7}$$

等号成立当且仅当 $t=1$.

证明　令 $f(t)=(p-1)t-pt^{\frac{1}{q}}+1$. 由于 $f(1)=0$ 且

$$f'(t)=(p-1)(1-t^{-\frac{1}{p}})\geqslant 0,\forall t\geqslant 1,1<p<\infty$$

于是结论成立. 证毕.

引理 2　设 $1<p<\infty$. 若 $t\geqslant 1$，则

$$\frac{t^{\frac{1}{p}}}{t}\cdot\frac{t-1}{t^{\frac{1}{p}}-1}\leqslant p \tag{8}$$

等号成立当且仅当 t 右收敛于 1.

证明　在式(7) 的两边乘以 $t^{\frac{1}{p}}$，经过适当整理后即可得证. 证毕.

引理 3　设 $1<p<\infty,\frac{1}{p}+\frac{1}{q}=1$. 若 $t\geqslant 1$,则

$$\frac{t-1}{(t^{\frac{1}{p}}-1)^{\frac{1}{p}}(t^{\frac{1}{q}}-1)^{\frac{1}{q}}t^{\frac{2}{pq}}}\leqslant p^{\frac{1}{p}}q^{\frac{1}{p}} \tag{9}$$

等号成立当且仅当 t 右收敛于 1.

证明　由式(8) 容易得到

$$\left(\frac{t^{\frac{1}{p}}(t-1)}{t(t^{\frac{1}{p}}-1)}\right)^{\frac{1}{p}}\leqslant p^{\frac{1}{p}} \tag{10}$$

$$\left(\frac{t^{\frac{1}{q}}(t-1)}{t(t^{\frac{1}{q}}-1)}\right)^{\frac{1}{q}}\leqslant q^{\frac{1}{q}} \tag{11}$$

将式(10) 和式(11) 两边分别相乘即可. 证毕.

引理 4　设 $1<p<\infty$. 若 $x\geqslant 1$,则

$$\frac{(p-1)^{p-1}(x^p-1)^p}{p^p(x-1)(x^p-x)^{p-1}}\leqslant x^{p-1} \tag{12}$$

等号成立当且仅当 x 右收敛于 1.

证明　在式(9) 中令 $t=x^p$,并注意到 $q=\frac{p}{p-1}$ 即可. 证毕.

定理 3　设 $\boldsymbol{A},\boldsymbol{B}\in\boldsymbol{H}_{++}^n$ 且 $0<\lambda_n\boldsymbol{I}\leqslant\boldsymbol{A}\leqslant\lambda_1\boldsymbol{I}$, $\boldsymbol{A}\leqslant\boldsymbol{B}$. 若 $p\geqslant 1$,则

$$\boldsymbol{A}^p\leqslant\kappa\boldsymbol{B}^p\leqslant\left(\frac{\lambda_1}{\lambda_n}\right)^{p-1}\boldsymbol{B}^p \tag{13}$$

其中,κ 按照式(6) 所定义.

证明　由定理 2 和引理 4 容易知道,对任意单位向量 $\boldsymbol{x}$,有

$$(\boldsymbol{A}^p\boldsymbol{x},\boldsymbol{x})\leqslant\kappa(\boldsymbol{A}\boldsymbol{x},\boldsymbol{x})^p\leqslant\kappa(\boldsymbol{B}\boldsymbol{x},\boldsymbol{x})^p\leqslant$$
$$\kappa(\boldsymbol{B}^p\boldsymbol{x},\boldsymbol{x})\leqslant\left(\frac{\lambda_1}{\lambda_n}\right)^{p-1}(\boldsymbol{B}^p\boldsymbol{x},\boldsymbol{x})$$

这里 $\frac{\lambda_1}{\lambda_n}$ 替换了式(12) 中的 $\boldsymbol{x}$,第三个不等式利用了

Hölder-McCarthy 不等式(5). 再由 $\boldsymbol{x}$ 的任意性知结论成立. 证毕.

值得注意的是,式(13)的 λ_n 和 λ_1 可以用 $\boldsymbol{B}$ 的最大和最小特征值来替换. 这里只要在定理 3 对 $\boldsymbol{B}^{-1}$ 和 $\boldsymbol{A}^{-1}$ 运用不等式(13),再利用已知即可.

2.3 Malamud 方法

Malamud(1998) 在沿用了 Mond 和 Pečarić 思想的同时,充分利用了非凸函数的某些特征. 本节内容是 Mond 和 Pečarić 方法的进一步发展.

引理 1 设二元函数 $F(x,y)$ 连续,关于 y 单调递增. 若 $f(t)$ 在 $[\lambda_n,\lambda_1]$ 内是凸函数,则

$$F(\sum_{i=1}^{n}\alpha_i t_i, \sum_{i=1}^{n}\alpha_i f(t_i)) \leqslant \max_{t\in[\lambda_n,\lambda_1]} F(t,\mu(t-\lambda_n)+f(\lambda_n)) \tag{1}$$

这里 $t_i \in [\lambda_n,\lambda_1], i=1,\cdots,n, \alpha \in \Delta^n$.

证明 若 $t_i \in [\lambda_n,\lambda_1], i=1,\cdots,n, \alpha \in \Delta^n$,则

$$f(\sum_{i=1}^{n}\alpha_i t_i) \leqslant \sum_{i=1}^{n}\alpha_i f(t_i) \leqslant \mu(\sum_{i=1}^{n}\alpha_i t_i - \lambda_n) + f(\lambda_n) \tag{2}$$

由于二元函数 F 关于第二个元 y 单调递增,则 $F(t,y) \leqslant F(t,\mu(t-\lambda_n)+f(\lambda_n))$. 证毕.

若在引理 1 中令 $F(t,y)=y-f(t)$,则得到 Jensen 不等式的一个新的逆形式.

引理 2 设 f 在 $[\lambda_n,\lambda_1]$ 内是连续的凸函数,则

$$0 \leqslant \sum_{i=1}^{n} \alpha_i f(t_i) - f(\sum_{i=1}^{n} \alpha_i t_i) \leqslant$$
$$\mu(t_0 - \lambda_n) + f(\lambda_n) - f(t_0) = c_1 \quad (3)$$

其中，$\alpha \in \Delta^n, t_0 \in [\lambda_n, \lambda_1]$ 满足 $f'(t_0) = \mu$.

若 $f(t) = t^2$，则由式(3) 可以得到不等式

$$0 \leqslant \sum_{i=1}^{n} \alpha_i t_i^2 - (\sum_{i=1}^{n} \alpha_i t)^2 \leqslant \frac{(\lambda_1 - \lambda_n)^2}{4} \quad (4)$$

一般说来，式(3) 中的 t_0 仅对于少数几种情况可以方便求出，大多数情况下是难以计算的. 下面的估计并不要求 f 一定是凸函数.

引理 3　设 f 在$[\lambda_n, \lambda_1]$ 内是二次连续可微的，$m = \min_{t \in [\lambda_n, \lambda_1]} f''(t), M = \max_{t \in [\lambda_n, \lambda_1]} f''(t)$. 若 $\alpha \in \Delta^n$，则

$$\frac{m}{2}(\sum_{i=1}^{n} \alpha_i t_i^2 - (\sum_{i=1}^{n} \alpha_i t_i)^2) \leqslant$$
$$\sum_{i=1}^{n} \alpha_i f(t_i) - f(\sum_{i=1}^{n} \alpha_i t_i) \leqslant$$
$$\frac{M}{2}(\sum_{i=1}^{n} \alpha_i t_i^2 - (\sum_{i=1}^{n} \alpha_i t_i)^2) \quad (5)$$

进而，若 $M > 0$，则

$$\sum_{i=1}^{n} \alpha_i f(t_i) - f(\sum_{i=1}^{n} \alpha_i t_i) \leqslant \frac{M(\lambda_1 - \lambda_n)^2}{8} = c_2 \quad (6)$$

证明　令 $g_1(t) = f(t) - \frac{1}{2} m t^2$ 和 $g_2(t) = \frac{1}{2} M t^2 - f(t)$，则两者都是凸函数. 由 Jensen 不等式可以得到不等式(5). 再利用不等式(4) 及 $M > 0$ 的假设即可得到不等式(6). 证毕.

定理 1　设 $\boldsymbol{A} \in \boldsymbol{H}^n$ 满足 $\lambda_n \boldsymbol{I} \leqslant \boldsymbol{A} \leqslant \lambda_1 \boldsymbol{I}$.

(1) 若 $f(t)$ 在$[\lambda_n, \lambda_1]$ 上是连续的凸函数，则

$$0 \leqslant (f(\boldsymbol{A})\boldsymbol{x}, \boldsymbol{x}) - f((\boldsymbol{A}\boldsymbol{x}, \boldsymbol{x})) \leqslant c \quad (7)$$

$$x \in \mathbf{C}^n, \| x \| = 1$$

其中,$c = c_1$ 按照式(3)所定义.

(2) 若 $f(t)$ 在$[\lambda_n, \lambda_1]$内二次连续可微,$M = \max\limits_{t \in [\lambda_n, \lambda_1]} f''(t) > 0$,则式(7)的上界 $c = c_2$ 按照式(6)所定义.

证明 不妨假定 $\boldsymbol{A}$ 是对角矩阵,对角元素为 $t_1, \cdots, t_n$. 利用引理 2 和引理 3,令

$$\alpha_i = \frac{x_i^2}{\| \boldsymbol{x} \|^2}, i = 1, 2, \cdots, n$$

即可得证. 证毕.

定理 2 设 $\boldsymbol{A} \in \boldsymbol{H}^n$ 满足 $\lambda_n \boldsymbol{I} \leqslant \boldsymbol{A} \leqslant \lambda_1 \boldsymbol{I}$.

(1) 若 $f(t)$ 在$[\lambda_n, \lambda_1]$上是取正值的连续凸函数,则

$$1 \leqslant \frac{(f(\boldsymbol{A})\boldsymbol{x}, \boldsymbol{x})}{f((\boldsymbol{A}\boldsymbol{x}, \boldsymbol{x}))} \leqslant \frac{\mu(t_0 - \lambda_n) + f(\lambda_n)}{f(t_0)} = c_3 \quad (8)$$

$$\boldsymbol{x} \in \mathbf{C}^n, \| \boldsymbol{x} \| = 1$$

其中 t_0 满足方程

$$\mu f(t_0) = (\mu(t_0 - \lambda_n) + f(\lambda_n)) f'(t_0)$$

(2) 若 $f'(t) > 0$,则当 $\boldsymbol{x} \in \mathbf{C}^n$ 且 $\| \boldsymbol{x} \| = 1$ 时

$$0 \leqslant f^{-1}((f(\boldsymbol{A})\boldsymbol{x}, \boldsymbol{x})) - (\boldsymbol{A}\boldsymbol{x}, \boldsymbol{x}) \leqslant f^{-1}(\mu(t_0 - \lambda_n) + f(\lambda_n)) - t_0 \quad (9)$$

其中,t_0 满足方程 $f'(f^{-1}(\mu(t_0 - \lambda_n) + f(\lambda_n))) = \mu$.

(3) 若 $f'(t) > 0, f(t) > 0, \lambda_n > 0$,则当 $\boldsymbol{x} \in \mathbf{C}^n$ 且 $\| \boldsymbol{x} \| = 1$ 时

$$1 \leqslant \frac{f^{-1}((f(\boldsymbol{A})\boldsymbol{x}, \boldsymbol{x}))}{(\boldsymbol{A}\boldsymbol{x}, \boldsymbol{x})} \leqslant \frac{f^{-1}(\mu(t_0 - \lambda_0) + f(\lambda_n))}{t_0} = c_4 \quad (10)$$

其中,t_0 满足方程 $\mu t_0 = f'(f^{-1}(y_0)) \cdot f^{-1}(y_0)$ 和

$y_0 = \mu(t_0 - \lambda_n) + f(\lambda_n)$.

证明　在引理 1 中依次令 $F(t,\boldsymbol{y}) = \dfrac{y}{f(t)}$，$F(t,\boldsymbol{y}) = f^{-1}(\boldsymbol{y}) - t$ 和 $F(t,\boldsymbol{y}) = \dfrac{f^{-1}(\boldsymbol{y})}{t}$ 即可. 证毕.

定理 3　设 $\boldsymbol{A} \in \boldsymbol{H}^n$ 满足 $0 < \lambda_n \boldsymbol{I} \leqslant \boldsymbol{A} \leqslant \lambda_1 \boldsymbol{I}$. 若 $\boldsymbol{x} \in \mathbf{C}^n$ 且 $\|\boldsymbol{x}\| = 1$，则

$$(\boldsymbol{Ax},\boldsymbol{x})(\boldsymbol{A}^{-1}\boldsymbol{x},\boldsymbol{x}) \leqslant \frac{(\lambda_1 + \lambda_n)^2}{4\lambda_1\lambda_n} \tag{11}$$

$$0 \leqslant (\boldsymbol{Ax},\boldsymbol{x}) - (\boldsymbol{A}^{-1}\boldsymbol{x},\boldsymbol{x})^{-1} \leqslant (\sqrt{\lambda_1} - \sqrt{\lambda_n})^2 \tag{12}$$

$$0 \leqslant (\boldsymbol{A}^{-1}\boldsymbol{x},\boldsymbol{x}) - (\boldsymbol{Ax},\boldsymbol{x})^{-1} \leqslant \frac{(\sqrt{\lambda_1} - \sqrt{\lambda_n})^2}{\lambda_1\lambda_n} \tag{13}$$

$$(\boldsymbol{A}^2\boldsymbol{x},\boldsymbol{x})^{\frac{1}{2}} - (\boldsymbol{Ax},\boldsymbol{x}) \leqslant \frac{(\lambda_1 - \lambda_n)^2}{4(\lambda_1 + \lambda_n)} \tag{14}$$

$$\frac{(\boldsymbol{A}^2\boldsymbol{x},\boldsymbol{x})}{(\boldsymbol{Ax},\boldsymbol{x})^2} \leqslant \frac{(\lambda_1 + \lambda_n)^2}{4\lambda_1\lambda_n} \tag{15}$$

证明　在式(8) 中令 $f(t) = t^{-1}$ 和 $f(t) = t^2$，可以得到式(11) 和式(15). 在式(7) 中令 $f(t) = t^{-1}$，可以得到式(13). 在式(13) 中用 $\boldsymbol{A}$ 代替 $\boldsymbol{A}^{-1}$，则得到式(12). 最后式(14) 可以通过在式(9) 中令 $f(t) = t^2$ 获得. 证毕.

不等式(11) 到不等式(15) 都可以看成 CBS 不等式的逆.

上述几个不等式有相应的标量形式，下面以式(12) 为例来说明. 当 $0 < \lambda_n \leqslant y_i \leqslant \lambda_1$，$\rho_i \geqslant 0$，$i = 1, 2, \cdots, n$，$\sum_{j=1}^{n} \rho_i = 1$ 时，由不等式(12) 可以得到

$$\sum_{j=1}^{n} \rho_i y_i - \left(\sum_{j=1}^{n} \frac{\rho_i}{y_i}\right)^{-1} \leqslant (\sqrt{\lambda_1} - \sqrt{\lambda_n})^2 \tag{16}$$

当 $0 < \lambda_n \leqslant \frac{a_i}{b_i} \leqslant \lambda_1, i=1,2,\cdots,n$ 时，令

$$y_i = \frac{a_i}{b_i}, \rho_i = \frac{a_i b_i}{\sum_{j=1}^{n} a_j b_j}$$

则得到 Shisha-Mond 不等式的标量形式

$$\frac{\sum_{j=1}^{n} a_j^2}{\sum_{j=1}^{n} a_j b_j} - \frac{\sum_{j=1}^{n} a_j b_j}{\sum_{j=1}^{n} b_j^2} \leqslant (\sqrt{\lambda_1} - \sqrt{\lambda_n})^2 \tag{17}$$

若以 $\sqrt{\rho_j a_j}$ 和 $\sqrt{\rho_j b_j}$ 分别代替式(17)中的 a_j, b_j，则得到 Klamkin-Mclenaghan 不等式

$$\left(\sum_{j=1}^{n} \rho_j a_j^2\right)\left(\sum_{j=1}^{n} \rho_j b_j^2\right) - \left(\sum_{j=1}^{n} \rho_j a_j b_j\right)^2 \leqslant$$
$$(\sqrt{\lambda_1} - \sqrt{\lambda_n})^2 \left(\sum_{j=1}^{n} \rho_j a_j b_j\right)\left(\sum_{j=1}^{n} \rho_j b_j^2\right) \tag{18}$$

性质 1 设 $\boldsymbol{A}, \boldsymbol{B} \in \boldsymbol{H}_{++}^n, \boldsymbol{O} \leqslant \lambda_n \boldsymbol{I} \leqslant \boldsymbol{A} \leqslant \lambda_1 \boldsymbol{I}, \boldsymbol{O} \leqslant \mu_n \boldsymbol{I} \leqslant \boldsymbol{B} \leqslant \mu_1 \boldsymbol{I}$. 若 $\boldsymbol{A}, \boldsymbol{B}$ 乘积可交换，即 $\boldsymbol{AB} = \boldsymbol{BA}$，则对任意的 $\boldsymbol{x} \in \mathbf{C}^n$，有

$$0 \leqslant (\boldsymbol{Bx}, \boldsymbol{Bx}) - \frac{(\boldsymbol{Ax}, \boldsymbol{Bx})}{(\boldsymbol{Ax}, \boldsymbol{Ax})} \leqslant$$
$$\frac{(\sqrt{\lambda_1 \mu_1} - \sqrt{\lambda_n \mu_n})^2}{\lambda_1 \mu_1 \lambda_n \mu_n} (\boldsymbol{Ax}, \boldsymbol{Bx}) \tag{19}$$

$$(\boldsymbol{Ax}, \boldsymbol{Ax})(\boldsymbol{Bx}, \boldsymbol{Bx}) \leqslant \frac{(\lambda_1 \mu_n + \lambda_n \mu_n)^2}{\lambda_1 \mu_1 \lambda_n \mu_n} (\boldsymbol{Ax}, \boldsymbol{Bx})^2 \tag{20}$$

证明 在式(12)中用 $\boldsymbol{AB}^{-1}$ 代替 $\boldsymbol{A}$，$(\boldsymbol{AB})^{\frac{1}{2}} \boldsymbol{x}$ 代替 $\boldsymbol{x}$ 可以得到式(19). 类似地，利用式(13)可以得到式(20). 证毕.

下面结果可以仿照 Mond 和 Pečarić 方法来证明，这里仅列出结果.

定理 4　设 $\boldsymbol{A}\in\boldsymbol{H}_{++}^{n}$ 满足 $\lambda_n\boldsymbol{I}\leqslant\boldsymbol{A}\leqslant\lambda_1\boldsymbol{I}$，$\boldsymbol{X}\in\mathbf{C}^{n\times p}$ 满足 $\boldsymbol{X}^*\boldsymbol{X}=\boldsymbol{I}_p$.

(1) 若 $f(t)$ 在 $[\lambda_n,\lambda_1]$ 上是连续的凸函数，则

$$\boldsymbol{O}\leqslant\boldsymbol{X}^*f(\boldsymbol{A})\boldsymbol{X}-f(\boldsymbol{X}^*\boldsymbol{A}\boldsymbol{X})\leqslant c_1\boldsymbol{I}\tag{21}$$

(2) 若 $f(t)$ 在 $[\lambda_n,\lambda_1]$ 内二次连续可微，$M=\max\limits_{t\in[\lambda_n,\lambda_1]}f''(t)>0$，则

$$\boldsymbol{O}\leqslant\boldsymbol{X}^*f(\boldsymbol{A})\boldsymbol{X}-f(\boldsymbol{X}^*\boldsymbol{A}\boldsymbol{X})\leqslant c_2\boldsymbol{I}\tag{22}$$

(3) 若 $f(t)$ 在 $[\lambda_n,\lambda_1]$ 上是取正值的连续凸函数，则

$$\boldsymbol{X}^*f(\boldsymbol{A})\boldsymbol{X}\leqslant c_3\,f(\boldsymbol{X}^*\boldsymbol{A}\boldsymbol{X})\tag{23}$$

(4) 若 $f'(t)>0$，$f(t)>0$，$\lambda_n>0$，则

$$f^{-1}(\boldsymbol{X}^*f(\boldsymbol{A})\boldsymbol{X})\leqslant c_4\boldsymbol{X}^*\boldsymbol{A}\boldsymbol{X}\tag{24}$$

定理 5　设 $\boldsymbol{A}\in\boldsymbol{H}_{+}^{n}$，$\lambda_1$，$\lambda_n$ 分别为 $\boldsymbol{A}$ 的最大与最小特征值，$\boldsymbol{P}_{\boldsymbol{A}}=\boldsymbol{A}\boldsymbol{A}^+$. 若 $\boldsymbol{X}\in\mathbf{C}^{n\times p}$ 使得 $\boldsymbol{X}^*\boldsymbol{P}_{\boldsymbol{A}}\boldsymbol{X}$ 为幂等矩阵，则

$$\boldsymbol{X}\boldsymbol{A}^+\boldsymbol{X}\leqslant\frac{(\lambda_1+\lambda_n)^2}{4\lambda_1\lambda_n}(\boldsymbol{X}^*\boldsymbol{A}\boldsymbol{X})^+\tag{25}$$

$$0\leqslant\boldsymbol{X}^*\boldsymbol{A}\boldsymbol{X}-(\boldsymbol{X}^*\boldsymbol{A}^+\boldsymbol{X})^+\leqslant(\sqrt{\lambda_1}-\sqrt{\lambda_n})^2\boldsymbol{X}^*\boldsymbol{P}_{\boldsymbol{A}}\boldsymbol{X}\tag{26}$$

$$0\leqslant\boldsymbol{X}^*\boldsymbol{A}^+\boldsymbol{X}-(\boldsymbol{X}^*\boldsymbol{A}\boldsymbol{X})^+\leqslant\frac{(\sqrt{\lambda_1}-\sqrt{\lambda_n})^2}{\lambda_1\lambda_n}\boldsymbol{X}^*\boldsymbol{P}_{\boldsymbol{A}}\boldsymbol{X}\tag{27}$$

$$0\leqslant\boldsymbol{X}^*\boldsymbol{A}^2\boldsymbol{X}-(\boldsymbol{X}^*\boldsymbol{A}\boldsymbol{X})^2\leqslant\frac{(\lambda_1-\lambda_n)^2}{\lambda_1\lambda_n}\boldsymbol{X}^*\boldsymbol{P}_{\boldsymbol{A}}\boldsymbol{X}\tag{28}$$

$$(\boldsymbol{X}^*\boldsymbol{A}^2\boldsymbol{X})^{\frac{1}{2}}-\boldsymbol{X}^*\boldsymbol{A}\boldsymbol{X}\leqslant\frac{(\lambda_1-\lambda_n)^2}{4(\lambda_1+\lambda_n)}\boldsymbol{X}^*\boldsymbol{P}_{\boldsymbol{A}}\boldsymbol{X}\tag{29}$$

$$X^* A^2 X \leqslant \frac{(\lambda_1 + \lambda_n)^2}{4\lambda_1\lambda_n}(X^* AX)^2 \tag{30}$$

类似地，可以写出关于它们和式不等式. 这里以式(26) 为例写出其中一个

$$O \leqslant \sum_{i=1}^{n} A_i - (\sum_{i=1}^{n} A_i^{-1})^{-1} \leqslant (\sqrt{\lambda_1} - \sqrt{\lambda_n})^2 I \tag{31}$$

2.4 等式成立的条件

Kantorovich 矩阵不等式的获得有两种主要途径. 第一条途径是采用多种组合技巧进行直接证明；第二种途径是利用一元凸函数的特征和微分方法获得这类不等式. 由于第二种方式简单灵活，目前已经成为构造 Kantorovich 矩阵不等式的主要方法. 本节继续介绍这方面有意义的结果，其内容主要取材于 Micic 等人的工作(1999).

定理 1 设 $A_j \in H_{++}^n$ 满足 $0 < \lambda_n I \leqslant A_j \leqslant \lambda_1 I$，$j = 1,2,\cdots,k$，$f(t)$ 在 $[\lambda_n,\lambda_1]$ 上是连续的凸函数，$x_1,\cdots,x_k \in \mathbf{C}^n$ 满足 $\sum_{j=1}^{k}(x_j,x_j) = 1$. 则

$$f(\sum_{j=1}^{k}(A_j x_j,x_j)) \leqslant \sum_{j=1}^{k}(f(A_j)x_j,x_j) \leqslant f(\lambda_n) + \mu(\sum_{j=1}^{k}(A_j x_j,x_j) - \lambda_n) \tag{1}$$

证明 利用上节不等式(2) 立得. 证毕.

下面给出 2.1 节定理 1 的一个扩展，它是 2.3 节引

理 1 的另一种表述.

定理 2　设 $g(t)$ 在 $[\lambda_n,\lambda_1]$ 上连续,定理 1 的条件被满足. 设 $F(u,v)$ 在 $[f(\lambda_n),f(\lambda_1)]\times[g(\lambda_n),g(\lambda_1)]$ 上有定义,关于 u 单调递增. 则

$$F\left(\sum_{j=1}^{k}(f(\boldsymbol{A}_j)\boldsymbol{x}_j,\boldsymbol{x}_j),g\left(\sum_{j=1}^{k}(\boldsymbol{A}_j\boldsymbol{x}_j,\boldsymbol{x}_j)\right)\right)\leqslant \max_{\lambda_n\leqslant t\leqslant\lambda_1}F(f(\lambda_n)+\mu(t-\lambda_n),g(t)) \tag{2}$$

定理 3　设 $g(t)$ 在 $[\lambda_n,\lambda_1]$ 上连续,定理 1 的条件被满足. 则对任意实数 α,存在

$$\beta=\max_{\lambda_n\leqslant t\leqslant\lambda_1}\{f(\lambda_n)+\mu(t-\lambda_n)-\alpha g(t)\} \tag{3}$$

使得

$$\sum_{j=1}^{k}(f(\boldsymbol{A}_j)\boldsymbol{x}_j,\boldsymbol{x}_j)\leqslant\alpha g\left(\sum_{j=1}^{k}(\boldsymbol{A}_j\boldsymbol{x}_j,\boldsymbol{x}_j)\right)+\beta \tag{4}$$

进而,若 $t_0=\sum_{j=1}^{k}(\boldsymbol{A}_j\boldsymbol{x}_j,\boldsymbol{x}_j)$ 使得

$$\beta=f(\lambda_n)+\mu(t_0-\lambda_n)-\alpha g(t_0) \tag{5}$$

则式(4) 的等号成立当且仅当存在正交向量 $\boldsymbol{y}_j,\boldsymbol{z}_j$ 使得

$$\boldsymbol{x}_j=\boldsymbol{y}_j+\boldsymbol{z}_j,\boldsymbol{A}_j\boldsymbol{y}_j=\lambda_n\boldsymbol{y}_j,\boldsymbol{A}_j\boldsymbol{z}_j=\lambda_1\boldsymbol{z},j=1,2,\cdots,k \tag{6}$$

证明　首先由式(3) 知 $\lambda_n\leqslant t_0\leqslant\lambda_1$. 令 $F(u,v)=u-\alpha v$, 其中 $u=\sum_{j=1}^{k}(f(\boldsymbol{A}_j)\boldsymbol{x}_j,\boldsymbol{x}_j)$, $v=g(t_0)$, 由定理 2 得到

$$\sum_{j=1}^{k}(f(\boldsymbol{A}_j)\boldsymbol{x}_j,\boldsymbol{x}_j)-\alpha g\left(\sum_{j=1}^{k}(\boldsymbol{A}_j\boldsymbol{x}_j,\boldsymbol{x}_j)\right)\leqslant \max_{\lambda_n\leqslant t\leqslant\lambda_1}\{f(\lambda_n)+\mu(t-\lambda_n)-\alpha g(t)\} \tag{7}$$

于是不等式(4) 得证. 下面考虑等号成立的条件.

假定式(4) 中的等号成立,则

$$\sum_{j=1}^{k}(f(\boldsymbol{A}_j)\boldsymbol{x}_j,\boldsymbol{x}_j)=\alpha g(t_0)+\beta \tag{8}$$

由式(5)得到,式(8)等号成立当且仅当

$$\sum_{j=1}^{k}(f(\boldsymbol{A}_j)\boldsymbol{x}_j,\boldsymbol{x}_j)=f(\lambda_n)+\mu(t_0-\lambda_n) \tag{9}$$

设 $\boldsymbol{E}_j(t)$ 是自伴算子 $\boldsymbol{A}_j$ 的谱系,则 $\boldsymbol{A}_j=\int_{\lambda_n-0}^{\lambda_1}t\boldsymbol{E}_j(t)$. 对 $i=1,2,\cdots,n$,令

$$\boldsymbol{P}_j=\boldsymbol{E}_j(\lambda_1)-\boldsymbol{E}_j(\lambda_1-0)$$
$$\boldsymbol{Q}_j=\boldsymbol{E}_j(\lambda_1-0)-\boldsymbol{E}_j(\lambda_n)$$
$$\boldsymbol{R}_j=\boldsymbol{E}_j(\lambda_n)-\boldsymbol{E}_j(\lambda_n-0)$$

则

$$(\boldsymbol{A}_j\boldsymbol{P}_j\boldsymbol{x}_j,\boldsymbol{x}_j)=\lambda_1(\boldsymbol{P}_j\boldsymbol{x}_j,\boldsymbol{x}_j)$$
$$(\boldsymbol{A}_j\boldsymbol{R}_j\boldsymbol{x}_j,\boldsymbol{x}_j)=\lambda_n(\boldsymbol{R}_j\boldsymbol{x}_j,\boldsymbol{x}_j)$$

且

$$\begin{aligned}(f(\boldsymbol{A}_j)\boldsymbol{P}_j\boldsymbol{x}_j,\boldsymbol{x}_j)=&\int_{\lambda_n-0}^{\lambda}f(t)\mathrm{d}(\boldsymbol{E}_j(t)\boldsymbol{P}_j\boldsymbol{x}_j,\boldsymbol{x}_j)=\\&f(\lambda_1)(\boldsymbol{P}_j\boldsymbol{x}_j,\boldsymbol{x}_j)=\\&((f(\lambda_n)+\mu(\lambda_1-\lambda_n))\boldsymbol{P}_j\boldsymbol{x}_j,\boldsymbol{x}_j)\end{aligned}$$

$$\begin{aligned}(f(\boldsymbol{A}_j)\boldsymbol{R}_j\boldsymbol{x}_j,\boldsymbol{x}_j)=&\int_{\lambda_n-0}^{\lambda}f(t)\mathrm{d}(\boldsymbol{E}_j(t)\boldsymbol{R}_j\boldsymbol{x}_j,\boldsymbol{x}_j)=\\&f(\lambda_n)(\boldsymbol{R}_j\boldsymbol{x}_j,\boldsymbol{x}_j)=\\&((f(\lambda_n)+\mu(\lambda_1-\lambda_n))\boldsymbol{R}_j\boldsymbol{x}_j,\boldsymbol{x}_j)\end{aligned}$$

因此要使式(9)成立,当且仅当

$$\sum_{j=1}^{k}((f(\lambda_n)+\mu(\boldsymbol{A}_j-\lambda_n)-f(\boldsymbol{A}_j))\boldsymbol{Q}_j\boldsymbol{x}_j,\boldsymbol{x}_j)=0 \tag{10}$$

因为对任意的 $s\in[\lambda_n,\lambda_1]$, $f(\lambda_n)+\mu(s-\lambda_n)-f(s)\geqslant 0$,因此式(10)蕴涵 $\boldsymbol{Q}_j\boldsymbol{x}_j=0$,即等号成立条件是式(6).

反之，如果条件(6) 满足，则

$$f(\lambda_n)+\mu(\sum_{j=1}^{k}(\boldsymbol{A}_j\boldsymbol{x}_j,\boldsymbol{x}_j)-\lambda_n)=$$

$$f(\lambda_n)\sum_{j=1}^{k}(\|\boldsymbol{y}_j\|^2+\|\boldsymbol{z}_j\|^2)+$$

$$\mu(\sum_{j=1}^{k}(\lambda_n\|\boldsymbol{y}_j\|^2+\lambda_1\|\boldsymbol{z}_j\|^2)-\lambda_n)=$$

$$f(\lambda_n)\sum_{j=1}^{k}\|\boldsymbol{y}_j\|^2+f(\lambda_1)\sum_{j=1}^{k}\|\boldsymbol{z}_j\|^2=$$

$$\sum_{j=1}^{k}(f(\boldsymbol{A}_j)\boldsymbol{x}_j,\boldsymbol{x}_j)$$

即等号成立. 证毕.

等号成立的条件(6) 是有意义的，它揭示了此类不等式的一个基本属性. 此外，在定理 3 中若 $g=f$，则式(8) 中的 t_0 可以取为

$$t_0=\begin{cases}\lambda_1,\lambda_1\leqslant f'^{-1}\left(\dfrac{\mu}{\alpha}\right)\\ \lambda_n,f'^{-1}\left(\dfrac{\mu}{\alpha}\right)\leqslant\lambda_n\\ f'^{-1}\left(\dfrac{\mu}{\alpha}\right),\lambda_n\leqslant f'^{-1}\left(\dfrac{\mu}{\alpha}\right)<\lambda_1\end{cases}$$

若 $g(t)=t^q$，则得到 Furuta 不等式，2.2 节式(1) 的推广形式

$$\sum_{j=1}^{k}(f(\boldsymbol{A}_j)\boldsymbol{x}_j,\boldsymbol{x}_j)\leqslant\alpha(\sum_{j=1}^{k}(f(\boldsymbol{A}_j)\boldsymbol{x}_j,\boldsymbol{x}_j))^q+\beta \tag{11}$$

其中

$$\beta=\begin{cases}\alpha(q-1)\left(\dfrac{\mu}{\alpha q}\right)^{\frac{q}{q-1}}+\dfrac{\lambda_1 f(\lambda_n)-\lambda_n f(\lambda_1)}{\lambda_1-\lambda_n},\mu\in[\alpha\lambda_n^{q-1}q,\alpha\lambda_1^{q-1}q]\\ \max\{f(\lambda_1)-\alpha\lambda_1^q,f(\lambda_n)-\alpha\lambda_n^q\},\mu\notin[\alpha\lambda_n^{q-1}q,\alpha\lambda_1^{q-1}q]\end{cases}$$

当 $q>1$ 时,$f(\lambda_n)<f(\lambda_1)$,$\dfrac{f(\lambda_n)}{\lambda_n}<\dfrac{f(\lambda_1)}{\lambda_1}$;当 $q<0$ 时,$f(\lambda_n)>f(\lambda_1)$,$\dfrac{f(\lambda_n)}{\lambda_n}>\dfrac{f(\lambda_1)}{\lambda_1}$.

2.5 Bourin 不等式

Kantorovich不等式在优化、统计和控制等领域得到了广泛应用.本节侧重于介绍这类矩阵不等式的应用问题,获得了一些新形式.

引理 1 设 $p>1,\tau=\dfrac{\lambda_1^p-\lambda_n^p}{\lambda_1-\lambda_n}$,$\boldsymbol{Z}\in\boldsymbol{H}_{++}^n$ 满足 $\boldsymbol{O}_j<\lambda_n\boldsymbol{I}\leqslant\boldsymbol{Z}\leqslant\lambda_1\boldsymbol{I}$.则对每个 $\alpha>0$,存在

$$\beta=\begin{cases}\dfrac{p-1}{p}\left(\dfrac{\tau}{\alpha p}\right)^{\frac{1}{p-1}}+\dfrac{\alpha(\lambda_1\lambda_n^p-\lambda_n\lambda_1^p)}{\lambda_1^p-\lambda_n^p},\dfrac{\tau}{p\lambda_1^{p-1}}\leqslant\alpha\leqslant\dfrac{\tau}{p\lambda_n^{p-1}}\\(1-\alpha)\lambda_1,0\leqslant\alpha\leqslant\dfrac{\tau}{p\lambda_1^{p-1}}\\(1-\alpha)\lambda_n,\alpha\geqslant\dfrac{\tau}{p\lambda_n^{p-1}}\end{cases}\tag{1}$$

使得

$$(\boldsymbol{Z}^p\boldsymbol{x},\boldsymbol{x})^{\frac{1}{p}}\leqslant\alpha(\boldsymbol{Z}\boldsymbol{x},\boldsymbol{x})+\beta\tag{2}$$

证明 这是上节定理 3 的一个直接结果.证毕.

定理 1 设 $\boldsymbol{A},\boldsymbol{Z}\in\boldsymbol{H}_{++}^n$ 且 $\boldsymbol{O}<\lambda_n\boldsymbol{I}\leqslant\boldsymbol{Z}\leqslant\lambda_1\boldsymbol{I}$.则对任意的 $\alpha>0$,存在按照式(1)定义的 β 使得

$$\|(\boldsymbol{A}\boldsymbol{Z}^p\boldsymbol{A})^{\frac{1}{p}}\|\leqslant\alpha\rho(\boldsymbol{Z}\boldsymbol{A}^{\frac{2}{p}})+\beta\|\boldsymbol{A}\|^{\frac{2}{p}},\forall p>1\tag{3}$$

证明 设 $p>1$,$\boldsymbol{x}\in\mathbf{C}^n$ 为单位向量,由引理1得到

$$((AZ^pA)^{\frac{1}{p}}x,x) \leqslant (AZ^pAx,x)^{\frac{1}{p}} =$$
$$\left(Z^p\frac{Ax}{\|Ax\|},\frac{Ax}{\|Ax\|}\right)^{\frac{1}{p}}\|Ax\|^{\frac{2}{p}} \leqslant$$
$$\left(\alpha\left(Z\frac{Ax}{\|Ax\|},\frac{Ax}{\|Ax\|}\right)+\beta\right)\|Ax\|^{\frac{2}{p}} =$$
$$\alpha(ZAx,Ax)\|Ax\|^{\frac{2}{p}-2}+\beta\|Ax\|^{\frac{2}{p}}$$

由于

$$(ZAx,Ax)\|Ax\|^{\frac{2}{p-2}} =$$
$$\left(A^{\frac{1}{p}}ZA^{\frac{1}{p}}\frac{A^{1-\frac{1}{p}}x}{\|A^{1-\frac{1}{p}}x\|},\frac{A^{1-\frac{1}{p}}x}{\|A^{1-\frac{1}{p}}x\|}\right)\|Ax\|^{\frac{2}{p}-2}\|A^{1-\frac{1}{p}}x\|^2$$
$$\|Ax\|^{\frac{2}{p}-2}\|A^{1-\frac{1}{p}}x\|^2=(A^2x,x)^{\frac{1}{p}-1}(A^{2-\frac{2}{p}}x,x) \leqslant$$
$$(A^2x,x)^{\frac{1}{p}-1}(A^2x,x)^{1-\frac{1}{p}}=1$$

这里第二式中的不等式利用了条件 $0<1-\dfrac{1}{p}<1$ 和 Hölder-McCarthy 不等式(2.2 节式(5))，于是

$$((AZ^pA)^{\frac{1}{p}}x,x) \leqslant \alpha\|A^{\frac{1}{p}}ZA^{\frac{1}{p}}\|+\beta\|Ax\|^{\frac{2}{p}} =$$
$$\alpha\rho(A^{\frac{1}{p}}ZA^{\frac{1}{p}})+\beta\|Ax\|^{\frac{2}{p}} =$$
$$\alpha\rho(ZA^{\frac{2}{p}})+\beta\|Ax\|^{\frac{2}{p}}$$

由 x 的任意性知不等式(3) 成立. 证毕.

定理 2　设 $p>1, Z\in H_{++}^n$ 满足 $O<\lambda_n I\leqslant Z\leqslant \lambda_1 I$. 则

$$\rho(ZA^{\frac{2}{p}}) \leqslant \|(AZ^pA)^{\frac{1}{p}}\| \leqslant \kappa\rho(ZA^{\frac{2}{p}}) \qquad (4)$$

其中，κ 按照 2.2 节式(6) 所定义.

证明　根据 2.2 节定理 2，仿照定理 1 可以证明式(4) 的右边. 另一方面，由 Hölder-McCarthy 不等式可以得到

$$\rho(ZA^{\frac{2}{p}})=\rho(A^{\frac{1}{p}}ZA^{\frac{1}{p}})=\|A^{\frac{1}{p}}ZA^{\frac{1}{p}}\| \leqslant$$

$$\| (\boldsymbol{AZ}^p\boldsymbol{A})^{\frac{1}{p}} \|$$

于是左边不等式也成立. 证毕.

式(4) 的左边被称为 Araki 不等式,右边不等式是它的逆形式. 若 $p=2$,则得到 Bourin 不等式

$$\| \boldsymbol{ZA} \| \leqslant \frac{\lambda_1+\lambda_n}{2\sqrt{\lambda_1\lambda_n}}\rho(\boldsymbol{ZA}) \tag{5}$$

若在定理 1 中令 $\alpha=1, p=2$,则得到

$$\| \boldsymbol{ZA} \| - \rho(\boldsymbol{ZA}) \leqslant \frac{(\lambda_1-\lambda_n)^2}{4(\lambda_1+\lambda_n)} \| \boldsymbol{A} \| \tag{6}$$

推论 设 $\boldsymbol{Z}\in \boldsymbol{H}_{++}^n$ 满足 $\boldsymbol{O}<\lambda_n\boldsymbol{I}\leqslant\boldsymbol{Z}\leqslant\lambda_1\boldsymbol{I}$, $\boldsymbol{A}$, $\boldsymbol{B}\in\mathbf{C}^{n\times n}$ 其乘积 $\boldsymbol{AB}$ 半正定. 则

$$\| \boldsymbol{ZAB} \| \leqslant \frac{\lambda_1+\lambda_n}{2\sqrt{\lambda_1\lambda_n}} \| \boldsymbol{BZA} \| \tag{7}$$

证明 由不等式(5) 知

$$\| \boldsymbol{ZAB} \| \leqslant \frac{\lambda_1+\lambda_n}{2\sqrt{\lambda_1\lambda_n}}\rho(\boldsymbol{ZAB}) = \frac{\lambda_1+\lambda_n}{2\sqrt{\lambda_1\lambda_n}}\rho(\boldsymbol{BZA}) \leqslant \frac{\lambda_1+\lambda_n}{2\sqrt{\lambda_1\lambda_n}} \| \boldsymbol{BZA} \|$$

于是结论成立. 证毕.

不等式(7) 蕴涵不等式(5). 事实上,由于

$$\| \boldsymbol{ZA} \| \leqslant \frac{\lambda_1+\lambda_n}{2\sqrt{\lambda_1\lambda_n}} \| \boldsymbol{A}^{\frac{1}{2}}\boldsymbol{ZA}^{\frac{1}{2}} \| = \frac{\lambda_1+\lambda_n}{2\sqrt{\lambda_1\lambda_n}}\rho(\boldsymbol{A}^{\frac{1}{2}}\boldsymbol{ZA}^{\frac{1}{2}}) \leqslant \frac{\lambda_1+\lambda_n}{2\sqrt{\lambda_1\lambda_n}}\rho(\boldsymbol{ZA})$$

定理 3 设 $\boldsymbol{A},\boldsymbol{Z}\in\boldsymbol{H}_{+}^n$ 满足 $\boldsymbol{O}\leqslant\boldsymbol{A}\leqslant\boldsymbol{I}$, $\boldsymbol{O}<\lambda_n\boldsymbol{I}\leqslant\boldsymbol{Z}\leqslant\lambda_1\boldsymbol{I}$. 则

$$\boldsymbol{AZA} \leqslant \frac{(\lambda_1+\lambda_n)^2}{4\lambda_1\lambda_n}\boldsymbol{Z} \tag{8}$$

证明　不等式(8) 等价于如下不等式

$$\boldsymbol{Z}^{-\frac{1}{2}}\boldsymbol{AZAZ}^{-\frac{1}{2}} \leqslant \frac{(\lambda_1+\lambda_n)^2}{4\lambda_1\lambda_n}\boldsymbol{I} \tag{9}$$

由不等式(5) 可以得到

$$\begin{aligned}\|\boldsymbol{Z}^{-\frac{1}{2}}\boldsymbol{AZAZ}^{-\frac{1}{2}}\| = \|\boldsymbol{Z}^{-\frac{1}{2}}\boldsymbol{AZ}^{\frac{1}{2}}\|^2 \leqslant \\ \frac{(\lambda_1+\lambda_n)^2}{4\lambda_1\lambda_n}\rho(\boldsymbol{Z}^{-\frac{1}{2}}\boldsymbol{AZ}^{-\frac{1}{2}}\boldsymbol{Z}) = \\ \frac{(\lambda_1+\lambda_n)^2}{4\lambda_1\lambda_n}\rho(\boldsymbol{Z}^{-\frac{1}{2}}\boldsymbol{AZ}^{\frac{1}{2}}) = \\ \frac{(\lambda_1+\lambda_n)^2}{4\lambda_1\lambda_n}\rho(\boldsymbol{A}) \leqslant \frac{(\lambda_1+\lambda_n)^2}{4\lambda_1\lambda_n}\end{aligned}$$

证毕.

2.6　Rennie 型不等式

Kantorovich 不等式利用函数凸性可以简单获得，前几节已经讨论了这方面的性质. 其实该不等式也可以不直接利用凸性获得，本节围绕这一主题而展开，在没有凸性假定下推广了以前的结果. 下面三个结论的证明是容易的.

定理 1　设一元实函数 $f(t)$ 定义在区间$[\lambda_n,\lambda_1]$上，在 $t=\lambda_1$ 和 $t=\lambda_n$ 处分别取得最大值和最小值. 对任意的 $\alpha \in \Delta^n$ 和 $t_i \in [\lambda_n,\lambda_1], i=1,2,\cdots,n$，不等式

$$\begin{aligned}\sum_{i=1}^{n}\alpha_i f^2(t_i) + f(\lambda_1)f(\lambda_n) \leqslant \\ (f(\lambda_1)+f(\lambda_n))\sum_{i=1}^{n}\alpha_i f(t_i)\end{aligned} \tag{1}$$

成立,等号成立当且仅当 t_i 要么达到最小值,要么达到最大值.

定理 2 在定理 1 的假定下,若 $f(\lambda_n)>0$,则

$$\sum_{i=1}^{n}\alpha_i f(t_i)+f(\lambda_1)f(\lambda_n)\sum_{i=1}^{n}\alpha_i[f(t_i)]^{-1}\leqslant f(\lambda_1)+f(\lambda_n) \tag{2}$$

且

$$\sum_{i=1}^{n}\alpha_i f^2(t_i)\sum_{i=1}^{n}\alpha_i[f(t_i)]^{-1}\leqslant\frac{(f(\lambda_1)+f(\lambda_n))^2}{4f(\lambda_1)f(\lambda_n)} \tag{3}$$

$$\sum_{i=1}^{n}\alpha_i f^2(t_i)\leqslant\frac{(f(\lambda_1)+f(\lambda_n))^2}{4f(\lambda_1)f(\lambda_n)}(\sum_{i=1}^{n}\alpha_i f(t_i))^2 \tag{4}$$

定理 3 设 $\boldsymbol{X}\in\mathbf{C}^{n\times p}$ 满足 $\boldsymbol{X}^*\boldsymbol{X}=\boldsymbol{I}_p$,$\boldsymbol{A}_i\in\boldsymbol{H}$,$i=1,2,\cdots,k$. 在定理 1 的假定下,不等式

$$\sum_{i=1}^{k}\alpha_i f^2(\boldsymbol{X}^*\boldsymbol{A}_i\boldsymbol{X})+f(\lambda_1)f(\lambda_n)\boldsymbol{I}\leqslant(f(\lambda_1)+f(\lambda_n))\sum_{i=1}^{k}\alpha_i f(\boldsymbol{X}^*\boldsymbol{A}_i\boldsymbol{X}) \tag{5}$$

成立.

定理 4 在定理 3 的假定下,若 $f(\lambda_n)>0$,则

$$\sum_{i=1}^{k}\alpha_i f(\boldsymbol{X}^*\boldsymbol{A}_i\boldsymbol{X})+f(\lambda_1)f(\lambda_n)\sum_{i=1}^{k}\alpha_i[f(\boldsymbol{X}^*\boldsymbol{A}_i\boldsymbol{X})]^{-1}\leqslant(f(\lambda_1)+f(\lambda_n))\boldsymbol{I}_p \tag{6}$$

且

$$(\sum_{i=1}^{k}\alpha_i f^2(\boldsymbol{X}^*\boldsymbol{A}_i\boldsymbol{X}))^{\frac{1}{2}}\leqslant\frac{f(\lambda_1)+f(\lambda_n)}{2\sqrt{f(\lambda_1)f(\lambda_n)}}\sum_{i=1}^{k}\alpha_i f(\boldsymbol{X}^*\boldsymbol{A}_i\boldsymbol{X}) \tag{7}$$

$$\sum_{i=1}^{k}\alpha_i f(\boldsymbol{X}^*\boldsymbol{A}_i\boldsymbol{X}) \leqslant$$

$$\frac{(f(\lambda_1)+f(\lambda_n))^2}{4f(\lambda_1)f(\lambda_n)}\Big(\sum_{i=1}^{k}\alpha_i[f(\boldsymbol{X}^*\boldsymbol{A}_i\boldsymbol{X})]^{-1}\Big)^{-1} \quad (8)$$

证明　这里仅证明不等式(8). 令

$$\boldsymbol{A}=\sum_{i=1}^{k}\alpha_i f(\boldsymbol{X}^*\boldsymbol{A}_i\boldsymbol{X}),\boldsymbol{H}=\sum_{i=1}^{k}\alpha_i[f(\boldsymbol{X}^*\boldsymbol{A}_i\boldsymbol{X})]^{-1}$$

不等式(6) 可以改写为

$$\boldsymbol{A}+f(\lambda_1)f(\lambda_n)\boldsymbol{H}\leqslant(f(\lambda_1)+f(\lambda_n))\boldsymbol{I}_p$$

另一方面，由于

$$(f(\lambda_1)+f(\lambda_n))\boldsymbol{I}_p\leqslant\frac{(f(\lambda_1)+f(\lambda_n))^2}{4f(\lambda_1)f(\lambda_n)}\boldsymbol{H}^{-1}+ f(\lambda_1)f(\lambda_n)\boldsymbol{H}$$

则

$$\boldsymbol{A}\leqslant\frac{(f(\lambda_1)+f(\lambda_n))^2}{4f(\lambda_1)f(\lambda_n)}\boldsymbol{H}^{-1}$$

于是结论成立. 证毕.

关于几个矩阵的代数均值与调和均值，下面结论是有趣的.

定理 5　设 $\boldsymbol{A}_i\in\boldsymbol{H}_{++}^{n}$ 满足 $\lambda_n\boldsymbol{I}\leqslant\boldsymbol{A}_i\leqslant\lambda_1\boldsymbol{I},\lambda_i\geqslant 0,i=1,2,\cdots,k$，且 $\sum_{i=1}^{k}\lambda_i=1$. 则

$$\Big(\sum_{i=1}^{k}\lambda_i\boldsymbol{A}_i^{-1}\Big)\leqslant\sum_{i=1}^{k}\lambda_i\boldsymbol{A}_i\leqslant\frac{(\lambda_1+\lambda_n)^2}{4\lambda_n\lambda_1}\Big(\sum_{i=1}^{k}\lambda_i\boldsymbol{A}_i^{-1}\Big)^{-1} \quad (9)$$

证略.

第3章 双料冠军——康托洛维奇

3.1 官方简介

本章主人公是数学与经济学的双冠王，康托洛维奇（1912— ）Kantorovich, Leonid Vital'evič.

康托洛维奇

康托洛维奇，苏联人. 从小就显出超常的数学天才. 14岁进入列宁格勒大学，并成为斯米尔诺夫等人主持的讨论班的积极参加者. 1932年开始实际担任教授工作，1934年正式被任命为教授，当时年仅22岁. 1935年未经答辩就被授予博士学位. 1958 年至 1971 年在苏联科学院西伯利亚分院工作. 1971 年回到莫斯科, 在国家科委所属的国民经济管理学院工作. 1976 年起在全苏系统工程科学研究所工作. 他是苏联国家科委的成员、国家科委所属的国民经济最佳预算科学研究理事会主席, 还是国家物价管理局所属物价形成研究理事会副主席、交通部所属运输理事会副主席. 康托洛维奇 1958 年被选为苏联科学院通讯院士, 1964 年成为院士.

康托洛维奇在数学的许多领域都做出了重大贡献.

第一, 他是最优化数学方法的创立者之一. 他首先于 1939 年 5 月提出了最优化生产计划基本理论的报告. 同年发表了《组织和计划生产的数学方法》, 这是具有划时代意义的著作, 为创立线性规划这个数学的新的分支学科、为经济学的最优化的思想奠定了坚实的科学基础. 后来, 他继续发展了线性规划的算法, 广泛研究了条件极值(包括非线性问题), 进行了计划工作和经济指标的结构分析. 1943 年他在系列研究成果的基础上, 撰写了专著《经济资源的最优利用》, 但由于不被当时许多人所理解, 直到 1959 年才正式出版. 他和鲁宾斯坦还研究了与无限多变量类似的运输问题, 提出了以在度量紧空间上的有限测度作为新的定额. 这个空间称为康托洛维奇－鲁宾斯坦空间, 在数学经济学和概率论等领域有广泛的应用. 在康托洛维奇的建议下, 为了交流各国数学家在经济中应用数学方法的学术成果, 召开过多次国际会议. 目前, 经济数学已成为新兴的边缘交叉学科, 康托洛维奇正是这个学科的奠基人.

第二，他是计算数学的创始人之一. 20 世纪 30 年代初，计算数学尚未成为数学的二级学科. 但康托洛维奇却系统地提出了保角映射的近似方法、变分法、面积公式、积分方程和偏微分方程近似方法，并于 1936 年发表了专著《偏微分方程的近似解法》，以后又修订，改书名为《高等分析近似方法》再版，该书被译成英、德、中、匈牙利、罗马尼亚文出版，是计算数学的奠基著作之一. 他继续不断在这个领域进行创造性的工作. 1943 年他提出了以最简形式求解希尔伯特空间上具有正定算子的线性方程，以泛函分析为工具，深入研究了牛顿方法，创立了现在文献中所称的牛顿－康托洛维奇方法. 1949 年在《数学科学成就》上发表题为"泛函分析与应用数学"的著名论文，文中将他的方法更加系统化、理论化了. 他还研究了处理程序设计自动化以及电子计算机上进行分析计算的独特方法.

第三，在泛函分析方面. 早在 1934 年他与菲赫金戈尔茨合作完成了关于线性泛函和线性算子表示问题. 他引入了理想函数以便充实希尔伯特空间，提出了独创的完备化方式以及一类具有完备性的半序线性空间. 这个空间文献上称为 K－空间. 1956 年他在《数学科学成就》上发表了论文"积分算子"，进一步发展了索波列夫的思想，开拓了关于算子的解析表示的研究，提出了嵌入定理的新模式以及一类新的重要的核，这种核对应的积分算子具有紧性. 这样的核在文献中称为康托洛维奇核，它在现代算子理论中有广泛的应用. 在这个领域，他和他的学生完成了好几部专著，如《半序空间中的泛函分析》(有中译本)、《赋范空间的泛函分析》(有中译本) 等.

康托洛维奇1949年获苏联国家奖金，1959年获列宁奖金，1975年获诺贝尔经济学奖.

3.2　列昂尼德·V·康托洛维奇自传

1912年1月19日，我生在彼得堡(列宁格勒).我的父亲维他列基·康托洛维奇于1922年去世，是我的母亲保林娜(萨克斯)把我养大的.我儿童时代所经历的头等大事是：1917年的二月和十月革命；内战时到白俄罗斯旅行一年.

大约在1920年，我对科学的兴趣和独立思考的气质第一次表现出来.当1926年进列宁格勒大学数学系时，我主要是对科学感兴趣(但是感谢E·塔勒院士的最生动的讲课，使我对政治经济学和现代史也产生了兴趣).

在大学里，我听V·I·斯密尔诺夫、G·M·费区腾高斯、B·N·德劳奈讲课，并参加他们的讨论班.我的大学朋友是I·P·那汤松、S·L·索波列夫、S·G·米奇林、D·K·法捷耶夫和V·N·法捷耶夫.

我的科学活动是在大学二年级开始，涉及更抽象的数学领域.那些日子，我的最重要的研究课题是关于集合和投影集合的分析运算(1929～1930)，我解了一些N·N·鲁辛问题.我在哈科夫的第一次全联盟数学大会(1930)上报告了这些成果.我参加大会的工作，这是我生活中的一个重大事件，我在这里遇到像S·N·伯恩斯坦、P·S·亚历山大罗夫、A·N·柯尔莫哥罗夫、A·O·盖尔芳等等这样的苏联著名数学家，以及一些外国客人，其中有J·哈大马德、P·蒙特尔、W·白拉希克.

彼得堡数学学派把理论和应用研究结合起来.1930年大学毕业后，在高等院校教学的同时，我开始研究应用问题.国家不断扩大的工业化，营造了这种发展的适宜氛围.正是在那个时候，我的《近似保形映射的新方法》和《新变分法》等著作发表了.这项研究结果，刊载于《高等分析的近似方法》，那是我和V·I·克雷洛夫写的一本书(1936).那时，我是正教授，早在1934年我已获得这个职称.1935年苏联恢复学位制度时，我获得博士学位.那时我在列宁格勒大学并在工业建筑工程研究所工作.

20世纪30年代是泛函分析加速发展的时代，它已变成现代数学的基础部分之一.

我自己在这个领域中的工作集中于一个新方向，泛函空间的系统研究，给某些元素规定了次序.这种部分有序空间证明富于成果，约在同一时间它在美国、日本和荷兰得到发展.为这个题目，我接触了J·冯·诺伊曼、G·伯克霍夫、A·W·土克、M·弗莱歇及其他数学家，和他们在莫斯科拓扑学大会上见面(1935).由于T·卡尔曼的约请，我的关于泛函方程的一篇备忘录发表在《数学学报》上.1950年，我的同事B·E·伏里克、A·G·平斯克和我写的《半有序空间中的泛函分析》出版了，这是我们在这个领域中贡献的第一本完整的书.

在那些日子里，我的理论和应用研究没有共同之处.但是以后，特别在战后时期，我成功地把它们联系起来，并证明了在数值数学中利用泛函分析思想的广泛可能性.在我的论文中,证明了这一点,它的题目就是“泛函分析和应用数学”,在那时似乎是谬误的.1949年,这个工作获得国家奖金.以后,论文收录在与G·P·阿基劳夫合写的《规范空间中的泛函分析》一书中(1959).

20世纪30年代开始研究的经济学对我是重要的.而出发点本身是比较偶然的.1938年,作为大学教授的我,在一个很特殊的极值问题上充当胶合板托拉斯实验室的顾问.从经济上说,它是在某些条件限制下,为了使设备生产率最大化而分配某些初始原料的问题.从数学上说,它是在一个凸多面体上使一个线性函数最大化的问题.为人熟知的用一般微分方法来比较多面体顶点的函数值失灵了,因为即使在很简单的问题中,顶点数目也是很大的.

但是,这个偶然的问题事实上是很有代表性的.我发现许多不同的经济问题有同样的数学形式:设备的工作安排,播种面积的最好利用,合理下料,复合资源的利用,运输流量的分配.[①]这就使我有充分理由去寻找一种解答问题的有效方法.在泛函分析思想的影响下,我找到了这个方法,我称之为“分解乘数法”.

1939年,列宁格勒出版社出版了我的《生产计划和组织的数学方法》一书,它致力于陈述基本经济问题的数学形式,概述求解方法,以及它的经济意义的初步讨论.实质上,它包含了线性规划的理论和算法.这本书许多年不为西方学者所知.后来,佳林·库普曼

---

① 在我之前,A·托尔斯泰曾讲过个问题(1930),他得出求解它的近似法.以后,F·希区考克陈述了同样的问题.

斯、乔治·丹齐格等人也发现了这些成果,而且用他们自己的表述方式.但是到50年代中期以前,我仍然不知道他们的贡献.

我在早期就认识到这个工作的宽广前景.它可向三个方向前进:

(1) 进一步完善求解这些极值问题的方法和推广它们在各类问题中的应用.

(2) 这些问题的数学推广,例如非线性问题、泛函空间问题,把这些方法应用于数学、力学和技术科学的极值问题.

(3) 把描写和分析方法,从各个经济问题推广到一般经济系统,把它们应用于一个产业、一个地区、整个国民经济级的计划问题以及经济指标结构的分析.

我在上述两个方向进行了一些活动,但是第三个方向对我最有吸引力.我希望在我的诺贝尔讲演中能说清楚我的理由.

研究因战争中断.战时我担任海军工程学院教授的工作.但是即使那时,我一有时间就继续在经济学领域内作思考.我的书的第一版就是在那个时候写的.1944年回到列宁格勒后,我在大学和苏联科学院数学研究所工作,担任近似方法室主任.那时我已对计算问题感兴趣,并在规划的自动化和在计算机设计上有些成果.

我的经济学研究也有进展.我特别愿意提到1948～1950年,在我的指导下,几何学家V·A·沙尔加勒在列宁格勒车辆制造厂所做的工作.在那里,用线性规划方法计算了钢板的最优利用而节省了材料.我们的1951年的书总结了我们的经验,并对我们的算法提出系统的说明，包括线性规划与动态规划思想的结合(独立于 R·贝尔曼).

50 年代中期，苏联改善经济控制的兴趣显著提高，研究数学方法和计算机用于经济学和计划工作一般问题的条件比较好. 那时我作了一系列报告，发表了一系列文章，并且准备出版上述书籍. 它在 1959 年以《经济资源的最佳利用》的题目发表了，包括对计划、价格、租金评价、存量效率、"经济核算"问题和决策分散化之类经济学中心问题的广泛阐述. 正是在那个时候，我接触了这方面的外国学者. 作为一项具体结果，感谢佳林·库普曼斯的创意，我的 1939 年小书在《管理科学》上发表，而且稍晚一些，1959 年那本书也译出来了.

有些苏联经济学家以保守态度看待新方法. 除那本书外，我必须提到科学院召开的经济学和计划工作的数学方法特别会议. 会议的参加者是一些苏联著名的数学家和经济学家. 会议批准了新科学方向. 到这时我们在它的应用上，已取得一些积极的经验.

这个领域吸引了一些年轻有才华的科学家，并在列宁格勒、莫斯科和一些其他城市开始培养这种混合专家(数理经济学家). 值得注意的是，新成立的科学院西伯利亚分院，新科学方向的条件特别有利. 成立了一个把数学应用于经济学的专门实验室，以 V·S·涅姆钦诺夫和我为首. 它的主体属于列宁格勒和莫斯科科学派. 在科学院城，它并入数学研究所，作为一个室.

1958 年，我被选为科学院通信院士，并在 1960 年来到新西伯利亚. 在这里，我们一群人中出现了一些有才能的数学家和经济学家.

尽管不断地讨论和一些批判，科学方向得到了科学社会和政府机关两方面愈来愈多的承认. 这种承认的象征是我在 1965 年被授予列宁奖金.

现在我领导莫斯科的国民经济控制研究所的实验室，在那里向高级干部介绍控制和管理的新方法. 我担任各个政府机关的顾问.

我在 1938 年结婚. 我的妻子娜塔丽是一个医生. 我们有两个成年的女儿和儿子，都从事数理经济学方面的工作.

成员：苏联科学院、通信院士(1958)、院士(1964)、经济计量学会会友(1972)、匈牙利科学院院士(1967)、波斯顿美国艺术科学院院士(1969).

荣誉奖：荣誉勋章(1944)、劳动红旗勋章(1949，1950，1975)、列宁勋章(1967)、国家奖金(1949)、列宁奖金和 V·V·诺沃基洛夫及 V·S·涅姆钦诺夫合得(1965).

名誉博士：格拉斯哥、格兰诺勃、尼斯、赫尔新基、巴黎第一(索邦)和其他大学.

3.3 经济学中的数学：成就、困难、前景

列昂尼德·V·康托洛维奇

1975 年 12 月 11 日讲演

我深深地被给我的那个很高的荣誉所感动，并且对于有机会在此出席作为这个荣誉讲演系列的参加者而感到愉快.

在我们的时代中，数学已经如此巩固，广泛而多方

面地深入经济学，而且所选的主题联系着如此多样的事实和问题，因而它使我们援引柯兹玛·普鲁柯夫的在我国很流行的话：“一个人不能拥抱那个不能拥抱的东西”. 这句聪明话不因这位伟大的思想家只是一个笔名这个事实而降低其适宜性.

所以，我要限制我的主题于对我较近的问题，主要为最优化模型和在经济控制中利用它们，为了达到最好效果将资源作最好利用的目的. 我将接触计划经济，特别是苏联经济的问题和经验. 而在这些范围内，我只能考虑以下几个问题：

一、问题的特殊性

在讨论方法和成果之前，我想谈谈我们的问题的特殊性将是有用的. 对苏联经济而言，这些特点是显著的，而且其中许多在十月革命后起初几年已经出现. 那时在历史上一切主要生产资料第一次转到人民手中，而且发生了对国家的经济集中统一控制的很大需要. 这种需要是在很复杂社会条件中出现的，有一些特殊性. 以下问题与经济理论及计划和控制的实践都有关系：

(1) 首先，经济理论的主要目的改变了. 出现了从研究和观察经济过程以及从孤立的政策措施转到经济的系统控制，转到根据共同目标和包括很长计划期的共同而统一的计划工作的必然性. 这种计划工作必须如此详细，要包括各企业在特定时期中的特定任务，而且这个巨大的决策集合保证整体有共同一致性.

显然，这样规模的计划问题确实第一次出现，所以它的求解不能根据现有的经验和经济理论.

(2) 经济科学必须不仅产生关于整个国民经济的

一般经济问题的结论，而且也作为关于单个企业和项目的答案的基础. 所以，它需要适当的信息和方法来提供按照国民经济一般目标和利益的决策. 最后，它必须不仅贡献一般定性建议，而且也贡献具体定量的和充分精确的核算方法，后者能提供经济决策的客观选择.

(3) 连同资本主义经济中的物质流和基金外，也研究和直接观察了物价、租金和利息率之类重要经济指标及其静态和动态性质. 这些指标是一切经济计算、加总、编制综合指标的背景. 一致性的计划经济不能没有表征类似方面的指标，这一点变得清楚了. 它们在这里不能观察到而作为规范值给出. 然而它们的计算问题不仅限于计算和统计的技术方面. 重要的是在新条件中相似的指标得到完全不同的意义和重要性，而且对它们的性质、作用和结构发生了一些问题. 例如，在土地归人民所有的社会中，是否应当存在地租，或者像利息率这样的指标是否有权存在，这一点是不清楚的和有待讨论的.

(4) 前面几个问题在计划经济的又一个特点中显示出来. 显然如此规模和复杂性的经济不能完全集中，“直到小指头”，而决策的一个重要部分应当留给控制系统的下层.

不同控制级别和不同地点的决策，必须用物质平衡关系联系起来，并且应当服从经济的主要目标.

问题是设计一个信息、核算、经济指标和刺激体系，使局部决策机关从全局经济观点评价它们的决策的优点. 换句话说，使得对它们有利的决策对系统有利，产生一种可能性，也从全局经济的观点检查局部机关活动的工作的有效性.

(5) 经济控制的新问题和新方法提出控制组织的最有效结构形式问题.

既由于完善控制系统的趋势,也由于经济本身的变化,它们与经济规模增大,关系的复杂性增加,以及新问题和条件有关,这些形式已经发生了一些变化.一个计划系统的最有效结构的问题也有一个科学方面,但是它的答案还不是很先进.

(6) 经济控制的有些复杂问题是当代经济发展,所谓科技革命产生的.我是指在不同部门的比重大幅度变化的条件中,在生产和技术迅速变化的条件中,国民经济的预测和控制问题.估计技术革新和技术进步的一般效应问题.与人类活动影响下自然环境的深刻变化有关的生态学问题,自然资源耗竭的前景问题.社会变化和它们对经济的影响的预测.在当代计算技术、通讯手段、管理方法等等存在下的变化.

在资本主义国家中,大多数也有这些问题,但在社会主义经济中,它们有自己的困难和特殊性.

为了解决这些困难问题,既没有经验,又没有充分的理论基础.

卡尔·马克思的经济理论成为新建立的苏联经济科学和新控制系统的方法论背景.它对一般经济情况的一些重要和基本的论述,事实上可以立即用于社会主义经济.然而,马克思思想的实际应用需要严肃的理论研究.在新条件下,没有实际经济经验.

这些问题,实际上是由政府机关和经济领导干部解决的.它们是在建国初期,在内战破坏和战后重建的困难条件中解决的.然而,建设一个有效的经济机制的问题解决了.我没有可能来详细描写它,但是我只是要指出，计划机关系统是在我国创始人V·列宁的创意下建立的，并且同时在同一创意下引入一种经济核算制度，它对各种经济活动给出某种财务形式的平衡和控制. 这种机制的显著效率的一个证据，在于经济的很大改善，成功地解决了工业化问题，第二次世界大战前和战时国防，战后重建和进一步发展的经济问题.

联系到新问题，改进和改变了计划和经济机关系统. 这种经验的概括，预先积累了计划社会主义经济理论.

同时在我国，进一步改善控制机制的必要性，资源利用的一些缺点，计划经济的潜在优点未完全实现，被多次指出来. 这类改善应当根据新思想和新手段，这是明显的. 这一点自然带来引入和利用定量数学方法的思想.

二、新方法

在苏联经济研究中第一批使用数学的尝试是在20年代. 让我提一下著名的E·斯勒茨基和A·康纽斯的需求模型，G·费尔曼的第一批增长模型，中央统计局作的“棋盘表”平衡分析，它以后在数学和经济两方面被W·列昂惕夫发展，使用美国经济的数据. L·杰希柯夫决定投资效率的尝试在V·诺沃基洛夫的研究中得到深刻的继续. 上述研究与同时发展的和在R·哈罗德、E·多玛、F·拉姆赛、A·瓦尔德、J·冯·诺伊曼、J·希克斯等人的著作中陈述的西方经济科学的数学方向有共同特点.

在此，我愿意主要谈谈30年代后期在我国（以及以后独立地在美国）出现的最优化模型，它们在某种意义上是处理我提到的问题的最适当的手段.

最优化方法在这里是一件头等重要的事.把经济作为单一系统来处理,加以控制走向一种一致的目标,使大量信息材料有效地系统化,它的深刻分析用于有效的决策.有趣的是,即使不能形成这种一致的目标,许多推断仍然有效,没有一致目标的原因或是它不很清楚,或是它由多种目标组成,每一个都要考虑.

现在多产品线性最优化模型似乎用得最多.我认为现在它在经济科学中推广不次于例如力学中的拉格朗日运动方程.

我看不为详细描写这种著名的模型,它基于把经济描写为一组主要生产类别(或者用 T·库普曼斯教授的话 —— 活动),每一类用货物和资源的利用和生产来表征.人们都知道,在某种资源和计划限制下选择最优规划,即这些活动的强度的集合,给我们一个问题,使满足一些线性限制的许多变量的一个线性函数最大化.

这个方法已经被描写过太多次,所以可以把它看成是大家熟知的.较重要的是指出决定它的广泛而多样用途的它的那些性质.我可以提出下面几项:

(1) 普适性和灵活性.模型结构允许它的应用有多种不同形式,它能描写很不同的实际情况,用于极不同的经济部门和经济控制级别.在达不到所需描写精确度时,有可能考虑一系列模型,逐步引入必要的条件和限制.

在较复杂的情况中,线性假设显然不符合问题的特点,而且我们必须考虑非线性投入和产出,不可分决策和非决定论的信息.这里,线性模型变成一个好的"基本块"和推广的出发点.

(2) 简单性. 尽管它的普适性和好的精确性，线性模型的工具是很初级的，它们主要是线性代数的工具，所以仅有不多数学训练的人能理解和掌握它. 为了创造性地和非常规地使用模型给出的分析工具，这一点是很重要的.

(3) 高效的可计算性. 求解极值线性问题的迫切性意味着设计专门的、高效的方法，它是在苏联(逐步改进法，分解乘数法) 和美国(G · 丹齐格的著名的单纯形法) 研究出来的，以及这些方法的详细理论. 这些方法的算法结构使后者能写出相应的计算机程序，现在，这些方法的现代方案要在现代计算机上迅速解出，有成百上千的限制，有几万几十万个变量的问题.

(4) 定性分析，指标. 连同最优计划解，模型对具体任务和整个问题的定性分析给出有价值的方法. 与最优解同时求出，并且符合它的活动指标和限制因素体系，产生这种可能性. T • 库普曼斯教授称它们为“影子价格”，我的名词是“分解乘数”，因为它们像拉格朗日乘数那样被用作求最优解的辅助工具. 不过在它们的经济意义和重要性被发现后短时期内，它们在经济讨论中被称为客观决定的评价(俄语缩写为“O. O. O.”). 它们的意义是对一个给定问题内在决定的，货物和要素等价物的价值指标，并且表示在极值状态的波动中如何能交换货物和要素. 因此，这些评价给出一种客观方式来计算核算价格和其他经济指标，以及分析它们的结构的一种方式.

(5) 方法与问题对应. 虽然在资本主义国家中，各企业乃至政府机关成功地使用了这些方法，它们的精神更接近社会主义经济的问题. 它们的效率的证据是在它们对经济科学和运筹学的一些具体问题的成功的应用中.它们有如此大规模的应用,例如苏联经济有些部门的长期计划,农业生产的地区分布.现在,我们在讨论模型复合体问题,包括整个国民经济的长期计划模型.研究这些问题是在专门的大研究所中——莫斯科的中央经济数学研究所(所长是N·费多伦柯院士)以及新西伯利亚的经济科学和工业组织研究所(所长是A·阿甘拜疆院士).

还需要指出苏联经济科学的理论研究中最优计划和数学方法的现状.已证明线性模型是计划控制和经济分析的最简单的逻辑描述的一种好手段.它已使定价问题有显著进展.例如,它对生产价格中核算基本基金给出了根据,并给出了核算自然资源的利用的原则.它也给出反映投资中时间因素的定量方法.请注意,描写一个简单的经济指标的模型有时有比较精致的数学形式(在这里作为一个例子,我们可以提到一个设备存量的模型,由它导出折旧金的结构).

需要特别指出的一个问题是分散决策问题.对一种两级模型复合体的研究引导我们到一个结论,借助于正确设计局部模型中的目标,分散决策而遵守复合体的总目标在原则上是可能的.我们在此必须指出G·丹齐格和Ph·华尔菲给出的分解思想的光辉的数学形式.他们1960年的论文的价值远超过算法及其数学基础.它在全世界而且特别在我国引起许多活跃的讨论和不同的处理.

除投入产出分析和最优化模型外,由于很多科学家活动的结果,经济理论和实践有了这样的分析工具,如统计学和随机规划、最优控制、模拟方法、需求分析、社会经济科学，等等.

总结起来，我们说，由于约15年对上述方法的努力发展和传播的结果，我们有一些显著的成果.

三、困难

然而，发展水平特别是应用水平可能造成一种不满意的感觉.许多问题尚未完全解决.许多应用是偶然的，应用并未变成经常性的，并且没有联成一个系统.在最复杂的和有前途的问题中，例如国民计划问题，到现在没有找到有效的和普遍接受的实现形式.对这些方法的态度像对许多其他革新一样，有时从怀疑和阻碍通过热心和过分的希望到有些失望和不满.

我们肯定可以说，对于已过去的这么短时期而言，结果不太坏.我们可以参考许多技术革新的较长普及时期或者参考物理学和力学，虽有200年经验，有些理论模型尚未实现.不过我们愿意提一些具体问题，以澄清主要困难和它们的原因，并且列举克服它们的一些方式.困难既从所研究的对象的特性产生，也从研究及其实际实现中的缺点产生.

经济问题由于它的复杂性和特殊性，对于数学描述而言，是一种困难的对象.模型只重视它的少数性质，并且很粗糙而近似地考虑实际经济情况，因此，估计描述和推断的正确性，一般是困难的.

模型及其推广尽管有上述普遍性，常规的方法常常是无效率的.对每个严肃的模型及其实际应用需要经济学家、数学家和具体领域的专家共同努力，作艰难的研究设计，但是即使在成功的例子中，模型的推广需要若干年，特别在实际指南的检验和改进方面.

特别重要的是检验模型与实际的差异对所得结果

的影响并改正结果或模型本身.这部分工作不经常做.

编制模型中的困难问题是收集而且常常要编制必要的数据,它们在许多例子中有很大误差,而且有时完全没有数据,因为以前没有人需要它们.理论上的困难在于预测将来的数据和估计产业发展方案方面.

计算最优解也有它的困难.虽然有效率高的算法和程序,实际线性规划不太简单,因为它们是很大的.当线性模型的任何一般性质有修改时,困难显著增加.

前面提到,从理论上讲在线性模型中最优解和根据"O.O.O."估计的指标和刺激是完全吻合和协调的.然而实际决策和地方机关的工作不用理论指标而用实际价格和不便代替的估计方法评价的.即使一个部门或地区采用它的适当指标,在与它的邻居的边界上将出现不协调.而且经济系统的各部分用数学模型描写时成功不易,而且有些部分不总是有清楚的定量特性.因此,工业生产比需求和消费偏好描写得好.同时,在计划最优化问题的宽广陈述中,自然不仅要达到可能最少地使用资源,而且也要达到对消费者最优的生产结构.这个条件使目标函数的正确选择复杂化了.

情况肯定不是无希望的.例如,人们可以用一种极值状态的思想(即不能全面改善的状态,A·瓦尔德的"有效决策"思想),这个极值状态是足够简要的.然后人们可以作出少数几个判断标准的妥协,或者不很严格,用最优化方法求解问题的工业部分,而用传统专家方法求解消费部分.人们可以设法利用经济计量学——太多的"可以"说明问题离解决很远.

在计划工作中,分散化的思想必须与连接全系统中各个比较自主的部分的计划的日常工作联系起来.

这里,人们可以借助于规定从一部分传递到另一部分的流量和参数的数值,应用系统的有条件分离的方法.人们可以应用参数相继再计算的思想,许多作者对丹齐格—华尔菲方案和对加总线性模型成功地发展了这种思想.

求解新出现的经济问题,特别是与科技革命有关的问题,常常不能根据现有方法而需要新的思想和方法.例如保护自然的问题.求解技术革新效率及其传播速度的经济评价问题,只有依靠长期估计直接效果,不计算新工业技术特点的结果,以及它对技术进步的总的贡献.

根据数学模型的核算方法,计算机用于计算和信息数据处理,只构成控制机制的一部分,另一部分是控制结构.所以,控制的成功决定于系统中在什么程度上和怎样保证个人对正确而完全的信息,对正确实现作出的决策的关心的可能性.设计这种关心和考核制度都不是容易的事情.

而且,为了实现新方法的真实推广,必须从事于计划工作和经济科学的人学习和掌握它们.必须改组制度,克服某种心理障碍,从用了多年的常规转到新的常规.

为此目的,我们有一个教育制度,使计划机关直至最高一级熟悉新方法.重新组织核算工作通常与引入基于计算机的信息系统结合起来.方法和意识的这种改组,显然是困难而费时的.

四、展望

虽有上述困难,我乐观地看经济科学和各级经济控制中的数学方法,特别是最优化方法广泛传播的前景.它能使我们的计划活动显著改进,资源更好地得到利用,国民收入和生活水平显著提高.

编制模型和创造数据的困难可以克服,像相似的困难在自然和技术科学中可以克服一样.我的根据是,这个领域中新方法和算法的愈来愈浓的研究氛围,出现新理论方法和问题陈述的事实,关于各个经济部门的一般和特殊问题的一系列具体研究,现在有一支有才能的青年研究人员大军在这个领域中工作的事实.

目前在计算机软硬件的发展和掌握它们方面有显著进展.

数学家们、经济学家们和实务经理们已达到较好的互相了解.

近年来,我国当局对控制方法及其改进的大家熟知的重要讲话在这个领域中给出了有利的工作条件.

瑞典皇家科学院拉格纳·本策尔教授讲话

附录 I

陛下们、殿下们、女士们和先生们：

在一切社会中，不论这些社会的特征是资本主义、社会主义或其他政治组织形式，基本经济问题是相同的. 由于每个地方的生产资源供给都是有限的，因此一切社会都面临一系列的问题，特别是关于现有资源的最优利用和收入在公民之间的公平分配. 这类规范性的问题，可以用一种科学的方式处理，不决定于所研究的社会的政治组织，这个事实很好地被今年的两位得奖人——列昂尼德·康托洛维奇和佳林·库普曼斯教授证明了. 虽然他们中的一位生活和工作在苏联，而另一位在美国，这两位学者在问题和方法的选择上，表现出惊人的相似.对他们两人来说,生产效率是他们分析的中心题目,他们互相独立地发展了类似的生产模型.

20世纪30年代末康托洛维奇面临一个具体计划问题——如何以这样一种方式把工厂中现有生产资源结合起来使生产最大化.他发明一种新的分析方法,以后称为线性规划,解决了这个问题.这是在线性不等式组成的约束下.求一个线性函数的最大值的一种技术.这种技术的一个特点是,计算作为副产品给出一些数字,称为影子价格,它们具有某些品质,使它们可作为核算价格使用.

在以后的20年中,康托洛维奇进一步发展了他的分析,并在1959年出版的一本书中,他也把它用于宏观经济问题.此外,他采取了一个进一步的和很重要的步骤,用社会主义经济中最优计划理论来研究线性规划定理.他得到结论,合理的计划工作应当基于线性规划型式的最优计算得到的结果,而且,生产决策可以分散化而不损失效率,只要使下级决策者用影子价格作为它们的盈利性计算的基础.

康托洛维奇的研究,强烈地影响了苏联的经济辩论.他成为苏联经济学家中"数理学派",并且因而成为建议改革集中计划技术的一群学者中最著名的成员.他们的论点的一个重要部分是,集中计划经济中生产决策分散化取得成功的可能性,决定于存在一个合理编制的价格体系,包括一个唯一的利息率.

40年代中,独立于俄国学者以外,线性规划也被一些美国经济学家,包括佳林·库普曼斯发展出来.战时,他在华盛顿美国商船代表处工作,当一名统计学家,那时他遇到一个空船最优路线问题.他按照线性规划模型写出这个问题.他在处理这个问题时强调影子价格的重要性,而且他设计了一个模型求数值解的方法.

库普曼斯在早期看到了线性规划可与传统宏观经济理论联系起来.他看到竞争经济中的资源分配,可以看成是解一个巨大的线性规划问题,并且生产模型可以作为全部均衡理论的严格形式的基础.1951 年,他在一篇著名的著作中阐述了这个见解,提出了一种称为活动分析的理论,说明在竞争经济中技术效率基本上与价格系统和资源分配相联系.他在规范性的资源分配理论和描述性的全部均衡理论之间搭了一座桥梁.他与康托洛维奇一致,得出结论,影子价格的利用,创造了生产决策分散化的可能性.

在 60 年代发表的一系列论文中,库普曼斯讨论了如何以最优方式在消费和投资之间分配国民收入的问题.这个问题在所有长期经济计划中都是重要的,它有关在现在和将来的消费之间选择并因而涉及对不同代人之间分配福利的判断.库普曼斯在这个研究领域内是伟大的先驱.他教导我们如何陈述问题,并且他证明了一些关于最优条件的重要定理.

康托洛维奇和库普受斯博士:

我代表皇家科学院请你们从国王陛下手中接受你们的奖金.

附录Ⅱ

康托洛维奇(Kantorovich)不等式的一个初等证明及一个应用

康托洛维奇不等式在优化理论(特别是线性规划)中是一个很重要的不等式,天津吴振奎先生给出它的一个初等证明.

这个不等式原来是由向量和矩阵形式给出的,经过一些变换,可化成与它等价的命题:

命题 若 $a_i>0(i=1,2,\cdots,n)$ 且 $\sum_{i=1}^{n}a_i=1$,又 $0<\lambda_1\leqslant\lambda_2\leqslant\cdots\leqslant\lambda_n$,则

$$\left(\sum_{i=1}^{n}\lambda_i a_i\right)\left(\sum_{i=1}^{n}\frac{a_i}{\lambda_i}\right)\leqslant\frac{(\lambda_1+\lambda_n)^2}{4\lambda_1\lambda_n}$$

证明 我们用归纳法.

(1) 当 $n=2$ 时,由设 $a_1+a_2=1$,有

$$
\begin{aligned}
&(\lambda_1 a_1+\lambda_2 a_2)\left(\frac{a_1}{\lambda_1}+\frac{a_2}{\lambda_2}\right)=\\
&a_1^2+a_2^2+\frac{\lambda_1^2+\lambda_2^2}{\lambda_1\lambda_2}a_1a_2=\\
&(a_1+a_2)^2+a_1a_2\left(\frac{\lambda_1^2+\lambda_2^2}{\lambda_1\lambda_2}-2\right)=\\
&1+a_1a_2\,\frac{(\lambda_1-\lambda_2)^2}{\lambda_1\lambda_2}\leqslant\\
&1+\frac{(\lambda_1-\lambda_2)^2}{4\lambda_1\lambda_2}=\frac{(\lambda_1+\lambda_2)^2}{4\lambda_1\lambda_2}
\end{aligned}
$$

这里，因为 $(a_1+a_2)^2=1$ 及 $a_1^2+a_2^2\geqslant 2a_1a_2$，所以 $a_1a_2\leqslant\dfrac{1}{4}$.

(2) 设 $n=k$ 时，命题真，今考虑 $n=k+1$ 的情形，下面分两种情况考虑：

1) 若 $\lambda_{k+1}=\lambda_k$，注意到

$$
\begin{aligned}
\left(\sum_{i=1}^{K+1}\lambda_i a_i\right)\left(\sum_{i=1}^{K+1}\frac{a_i}{\lambda_i}\right)=&\left(\sum_{i=1}^{K-1}\lambda_i a_i+\lambda_k a_k+\lambda_{k+1}a_{k+1}\right)\cdot\\
&\left(\sum_{i=1}^{K-1}\frac{a_i}{\lambda_i}+\frac{a_k}{\lambda_k}+\frac{a_{k+1}}{\lambda_{k+1}}\right)=\\
&\left[\sum_{i=1}^{K-1}\lambda_i a_i+\lambda_k(a_k+a_{k+1})\right]\cdot\\
&\left[\sum_{i=1}^{K-1}\frac{a_i}{\lambda_i}+\frac{1}{\lambda_k}(a_k+a_{k+1})\right]
\end{aligned}
$$

显然化为 $n=k$ 的情形. 只需注意到这时 $a'_k=a_k+a_{k+1}$ 即可.

2) 若 $\lambda_k<\lambda_{k+1}$，且 $\lambda_k\neq\lambda_1$（否则可以化成上面类似的情形），我们先来证明有 x 满足

$$
\begin{cases}
\lambda_k\leqslant\lambda_1 x+(1-x)\lambda_{k+1} & (1)\\
\dfrac{1}{\lambda_k}=\dfrac{x}{\lambda_1}+\dfrac{1-x}{\lambda_{k+1}} & (2)
\end{cases}
$$

由式(2)解得

$$x=\frac{\frac{1}{\lambda_k}-\frac{1}{\lambda_{k+1}}}{\frac{1}{\lambda_1}-\frac{1}{\lambda_{k+1}}}=\frac{\lambda_1}{\lambda_k}\cdot\frac{\lambda_{k+1}-\lambda_k}{\lambda_{k+1}-\lambda_1}$$

又由式(1)有

$$x(\lambda_1-\lambda_{k+1})\geqslant\lambda_k-\lambda_{k+1}$$

注意到 $\lambda_1-\lambda_{k+1}<0$,故有

$$x\leqslant\frac{\lambda_k-\lambda_{k+1}}{\lambda_1-\lambda_{k+1}}$$

因为 $\frac{\lambda_1}{\lambda_k}<1$,显然满足式(2)的 x 必满足式(1).下面我们回到命题的证明

$$\left(\sum_{i=1}^{K+1}\lambda_i a_i\right)\left(\sum_{i=1}^{K+1}\frac{a_i}{\lambda_i}\right)=$$

$$\left(\sum_{i=2}^{K-1}\lambda_i a_i+\lambda_1 a_1+\lambda_k\lambda_k+\lambda_{k+1}a_{k+1}\right)\cdot$$

$$\left(\sum_{i=2}^{K-1}\frac{a_i}{\lambda_i}+\frac{a_1}{\lambda_1}+\frac{a_k}{\lambda_k}+\frac{a_{k+1}}{\lambda_{k+1}}\right)\leqslant$$

$$\left\{\sum_{i=2}^{K-1}\lambda_i a_i+\lambda_1 a_1+[\lambda_1 x+\lambda_{k+1}(1-x)]a_k+\lambda_{k+1}a_{k+1}\right\}\cdot$$

$$\left\{\sum_{j=2}^{K-1}\frac{a_i}{\lambda_i}+\frac{a_1}{\lambda_1}\left(\frac{x}{\lambda_1}+\frac{1-x}{\lambda_{k+1}}\right)a_k+\frac{a_{k+1}}{\lambda_{k+1}}\right\}=$$

$$\left\{\sum_{i=2}^{K-1}\lambda_i a_i+\lambda_1(a_1+xa_k)+\lambda_{k+1}[(1-x)a_k+a_{k+1}]\right\}\cdot$$

$$\left\{\sum_{i=2}^{K-1}\frac{a_i}{\lambda_i}+\frac{1}{\lambda_1}(a_1+xa_k)+\frac{1}{\lambda_{k+1}}[(1-x)a_k+a_{k+1}]\right\}$$

此时又可化为 $n=k$ 的情形.

综上,$n=k+1$ 时命题亦真.根据数学归纳法证毕.

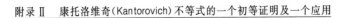

注：当 $n=3$ 时，即为 1979 年北京市中学数学竞赛复试第 5 题，在那儿是用演绎推导的，但那个方法不便推广为一般情形.

利用它我们可以给出一些不等式的另外证法.

p4－5　对任意 $0\leqslant a_1\leqslant a_2\leqslant\cdots\leqslant a_n$ 和 $0\leqslant b_1\leqslant b_2\leqslant\cdots\leqslant b_n$，证明

$$(a_1^2+\cdots+a_n^2)(b_1^2+\cdots+b_n^2)\leqslant (a_1b_1+\cdots+a_nb_n)^2\cdot \frac{1}{4}\left(\sqrt{\frac{a_nb_n}{a_1b_1}}+\sqrt{\frac{a_1b_1}{a_nb_n}}\right)^2$$

这是罗马尼亚国家集训队的一个问题. 原解法如下：

s4－5D　由于 a_i 和 b_i 的次序相同，因此由 Chebyshev(切比雪夫) 不等式可知

$$(a_1^2+\cdots+a_n^2)(b_1^2+\cdots+b_n^2)\leqslant n(a_1^2b_1^2+\cdots+a_n^2b_n^2)$$

如果用 α_i 表示 a_ib_i，那么只需证明对 $0\leqslant\alpha_1\leqslant\alpha_2\leqslant\cdots\leqslant\alpha_n$

$$n(\alpha_1^2+\cdots+\alpha_n^2)\leqslant(\alpha_1+\cdots+\alpha_n)^2\frac{(\alpha_n+\alpha_1)^2}{4\alpha_1\alpha_n}\quad(1)$$

成立即可.

注意，如果存在 k,l 使得 $\alpha_1<\alpha_k<\alpha_l<\alpha_n$，那么我们就可把 a_l 放大成 $a_l+\varepsilon$，把 a_k 减小成 $a_k-\varepsilon$ 即可使式(1) 的右边保持不变而使左边增大. 所以为了使左边最大就必须 $\alpha_1,\cdots,\alpha_n$ 中所有的数或等于 α_1 或等于 α_n.

假设在式(1) 左边达到最大时 $\alpha_1,\cdots,\alpha_n$ 中有 k 个数等于 α_1，有 l 个数等于 α_n，其中 $k+l=n$. 那么式(1)

就成为

$$(k+l)(k\alpha_1^2+l\alpha_n^2)\leqslant(k\alpha_1+l\alpha_n)^2\frac{(\alpha_1+\alpha_n)^2}{4\alpha_1\alpha_n}\Leftrightarrow$$

$$4\alpha_1\alpha_n(k(k+l)\alpha_1^2+l(k+l)\alpha_n^2)\leqslant$$

$$(k^2\alpha_1^2+2kl\alpha_1\alpha_n l^2\alpha_n^2)(\alpha_1^2+2\alpha_1\alpha_n+\alpha_n^2)\Leftrightarrow$$

$$2k(k+l)\alpha_1^3\alpha_n+2l(k+l)\alpha_n^3\alpha_1\leqslant$$

$$k^2\alpha_1^4+(k^2+4kl+l^2)\alpha_1^2\alpha_n^2+l^2\alpha_n^4\Leftrightarrow$$

$$0\leqslant(k\alpha-(k+l)\alpha_1\alpha_n+l\alpha_n)^2$$

最后一式显然成立. 但是是否式(1)左边的最大值可能是在 $\alpha_1,\cdots,\alpha_n$ 中有 k 个数等于 α_1,有 l 个数等于 α_n,此外还有一个数等于 e,其中 $\alpha_1<e<\alpha_n$ 时达到的情况? 这时式(1)成为

$$(k+l+1)(k\alpha_1^2+l\alpha_n^2+e^2)-$$

$$(k\alpha_1+l\alpha_n+e)^2\frac{(\alpha_1+\alpha_n)^2}{4\alpha_1\alpha_n}\leqslant 0 \qquad (2)$$

如果

$$(k+l+1)-\frac{(\alpha_1+\alpha_n)^2}{4\alpha_1\alpha_n}\leqslant 0$$

那么式(2)肯定成立,由于显然有

$$(k\alpha_1^2+l\alpha_n^2+e^2)\leqslant(k\alpha_1+l\alpha_n+e)^2$$

但是如果

$$(k+l+1)-\frac{(\alpha_1+\alpha_n)^2}{4\alpha_1\alpha_n}>0$$

式(2)左边将是 e 的首项系数为正的二次多项式,因此是一个凸函数. 因而其最大值将在 $e=\alpha_1$ 或 $e=\alpha_n$ 时达到,但是我们在上面已经证明当所有的数等于 α_1 或等于 α_n 时不等式成立,因而问题已得证.

中科院冯贝叶先生指出:本题的证法本质上也不能算错,实际上是在求极值问题时的一种局部调整法,

或称磨光法，在历史上发现和证明一些著名的不等式时(如算数—几何平均不等式)也曾被使用过.不过作为一种想法当然是很有价值的，但是作为一种正式的证明，却总让人觉得说的不太清楚和利落.所以下面译者再介绍一种以所谓 Kantorovich(康托洛维奇)不等式为基础的证法：

Kantorovich(康托洛维奇)定理：设 $x_1,x_2,\cdots,x_n$ 和 $\lambda_1,\lambda_2,\cdots,\lambda_n$ 都是正实数，并且

$$x_1+x_2+\cdots+x_n=1$$

$$0<\lambda_1\leqslant\lambda_2\leqslant\cdots\leqslant\lambda_n$$

那么

$$\left(\frac{x_1}{\lambda_1}+\frac{x_2}{\lambda_2}+\cdots+\frac{x_n}{\lambda_n}\right)(\lambda_1x_1+\lambda_2x_2+\cdots+\lambda_nx_n)\leqslant\frac{(\lambda_1+\lambda_n)^2}{4\lambda_1\lambda_n}$$

证明 设

$$f(x)=\left(\frac{x_1}{\lambda_1}+\frac{x_2}{\lambda_2}+\cdots+\frac{x_n}{\lambda_n}\right)x^2-\frac{\lambda_1+\lambda_n}{\sqrt{\lambda_1\lambda_n}}x+(\lambda_1x_1+\lambda_2x_2+\cdots+\lambda_nx_n)$$

则 $f(x)$ 的图像是开口向上的抛物线.

但是

$$f(\sqrt{\lambda_1\lambda_n})=$$

$$\left(\frac{x_1}{\lambda_1}+\frac{x_2}{\lambda_2}+\cdots+\frac{x_n}{\lambda_n}\right)(\lambda_1\lambda_n)-(\lambda_1+\lambda_n)+$$

$$(\lambda_1x_1+\lambda_2x_2+\cdots+\lambda_nx_n)=$$

$$\lambda_nx_1+\lambda_1x_n+\left(\frac{x_2}{\lambda_2}+\cdots+\frac{x_{n-1}}{\lambda_{n-1}}\right)\lambda_1\lambda_n-$$

$$(\lambda_1+\lambda_n)(x_1+x_2+\cdots+x_{n-1}+x_n)+$$

$$\lambda_1x_1+\lambda_nx_n+(\lambda_2x_2+\cdots+\lambda_{n-1}x_{n-1})=$$

$$\lambda_n x_1 + \lambda_1 x_n + \left(\frac{\lambda_1\lambda_n}{\lambda_2}x_2 + \cdots + \frac{\lambda_1\lambda_n}{\lambda_{n-1}}x_{n-1}\right) -$$

$$\lambda_1 x_2 - \lambda_1 x_n - \lambda_n x_1 - \lambda_n x_n +$$

$$(\lambda_1 + \lambda_n)(x_2 + \cdots + x_{n-1}) + \lambda_1 x_1 +$$

$$\lambda_n x_n + (\lambda_2 x_2 + \cdots + \lambda_{n-1} x_{n-1}) =$$

$$\left(\frac{\lambda_1\lambda_n}{\lambda_2} - \lambda_1 - \lambda_n + \lambda_2\right) x_2 +$$

$$\left(\frac{\lambda_1\lambda_n}{\lambda_3} - \lambda_1 - \lambda_n + \lambda_3\right) x_3 + \cdots +$$

$$\left(\frac{\lambda_1\lambda_n}{\lambda_{n-1}} - \lambda_1 - \lambda_n + \lambda_{n-1}\right) x_{n-1} =$$

$$\frac{\lambda_1\lambda_n - \lambda_1\lambda_2 - \lambda_2\lambda_n + \lambda_2^2}{\lambda_2} x_2 + \cdots +$$

$$\frac{\lambda_1\lambda_n - \lambda_1\lambda_{n-1} - \lambda_{n-1}\lambda_n + \lambda_{n-1}^2}{\lambda_2} x_{n-1} =$$

$$\frac{(\lambda_1 - \lambda_2)(\lambda_n - \lambda_2)}{\lambda_2} x_2 + \cdots +$$

$$\frac{(\lambda_1 - \lambda_{n-1})(\lambda_n - \lambda_{n-1})}{\lambda_{n-1}} x_{n-1} \leqslant 0$$

这就说明 $f(x)$ 是开口向上但最小值小于或等于 0 的变号函数(至多为半正定的),因此其判别式必为非负数,即

$$\frac{(\lambda_1 + \lambda_n)^2}{\lambda_1\lambda_n} - 4\left(\frac{x_1}{\lambda_1} + \frac{x_2}{\lambda_2} + \cdots + \frac{x_n}{\lambda_n}\right) \cdot$$

$$(\lambda_1 x_1 + \lambda_2 x_2 + \cdots + \lambda_n x_n) \geqslant 0$$

由此容易推出所需的不等式. 令

$$\mu = \alpha_1 + \alpha_2 + \cdots + \alpha_n$$

$$x_1 = \frac{\alpha_1}{\mu}, \cdots, x_n = \frac{\alpha_n}{\mu}$$

$$\lambda_1 = \mu\alpha_1, \cdots, \lambda_n = \mu\alpha_n$$

那么

$$x_1+x_2+\cdots+x_n=1$$
$$0<\lambda_1\leqslant\lambda_2\leqslant\cdots\leqslant\lambda_n$$

因此定理的条件满足，应用这一定理即得出不等式(1).

康托洛维奇不等式的初等证法

施恩伟(昆明师范学院)

附录Ⅲ

设 $\boldsymbol{Q}$ 为 $n\times n$ 正定矩阵，a，A 为 $\boldsymbol{Q}$ 的最小及最大特征值，则对任一矢量 $\boldsymbol{X}$ 有

$$\frac{(\boldsymbol{X}^{\mathrm{T}}\boldsymbol{Q}\boldsymbol{X})(\boldsymbol{X}^{\mathrm{T}}\boldsymbol{Q}^{-1}\boldsymbol{X})}{(\boldsymbol{X}^{\mathrm{T}}\boldsymbol{X})^2}\leqslant\frac{(a+\boldsymbol{A})^2}{4a\boldsymbol{A}}$$

此即康托洛维奇不等式. 它的一个等价形式为：

设 $a_i>0$，$\sum a_i=1$，且 $0<\lambda_1\leqslant\lambda_2\leqslant\cdots\leqslant\lambda_n$，则

$$\left(\sum a_i\lambda_i\right)\left(\sum a_i\lambda_i^{-1}\right)\leqslant\frac{(\lambda_1+\lambda_n)^2}{4\lambda_1\lambda_n}$$

记号 $\sum$ 表示 $\sum\limits_{i=1}^{n}$.

吴振奎同志曾用归纳法对不等式的等价形式给出一个初等证明方法，此处再给出一个比归纳法更为简单的初等证明方法.

证明 当 $\lambda_1=\lambda_n$ 时,结论显然成立.当 $\lambda_1\neq\lambda_n$ 时,令 $a_i\lambda_i=u_i\lambda_1+v_i\lambda_n, a_i\lambda_i^{-1}=u_i\lambda_1^{-1}+v_i\lambda_n^{-1}, i=1,2,\cdots,n$. 易知 $u_i\geqslant 0, v_i\geqslant 0$,而且

$$a_i^2=(a_i\lambda_i)(a_i\lambda_i^{-1})=u_i^2+u_iv_i\left(\frac{\lambda_1}{\lambda_n}+\frac{\lambda_n}{\lambda_1}\right)+v_i^2\geqslant (u_i+v_i)^2$$

从而有 $a_i\geqslant u_i+v_i$. 因此可得到

$$(u+v)^2\leqslant(\sum a_i)^2=1(u=\sum u_i, v=\sum v_i)$$

所以

$$\begin{aligned}&(\sum a_i\lambda_i)(\sum a_i\lambda_i^{-1})=\\&(\sum u_i\lambda_1+\sum v_i\lambda_n)(\sum u_i\lambda_1^{-1}+\sum v_i\lambda_n^{-1})=\\&u^2+uv\left(\frac{\lambda_1}{\lambda_n}+\frac{\lambda_n}{\lambda_1}\right)+v^2=\\&(u+v)^2+uv\frac{(\lambda_1-\lambda_n)^2}{\lambda_1\lambda_n}\leqslant\\&(u+v)^2+\frac{(u+v)^2}{4}\cdot\frac{(\lambda_1-\lambda_n)^2}{\lambda_1\lambda_n}\leqslant\\&\frac{(\lambda_1-\lambda_n)^2}{4\lambda_1\lambda_n}\end{aligned}$$

证毕.

注 由上述证明过程可得到下面不等式:

设 $0<a\leqslant a_j\leqslant A, 0<b\leqslant b_i\leqslant B$. $p_i>0$, α 为正实数, $i=1,2,\cdots,n$,则有

$$1\leqslant\frac{\sum p_ia_i^\alpha\sum p_ib_i^\alpha}{\left[\sum p_i(a_ib_i)^{\alpha/2}\right]^2}\leqslant\frac{1}{4}\left[\left(\frac{AB}{ab}\right)^{\alpha/4}+\left(\frac{ab}{AB}\right)^{\alpha/4}\right]^2$$

事实上,左边的不等号由柯西不等式易知.右边的不等号只要设 $p_ia_i^\alpha=u_ia^\alpha+v_iA^\alpha, p_ib_i^\alpha=u_iB^\alpha+v_ib^\alpha$,再重复上述证法即可.

而且,我们取 $p_i=1, a_i=i, b_i=\frac{1}{i}$,则易知

$$n^2 \leqslant \sum i^{\alpha} \sum i^{-\alpha} \leqslant \frac{n^2}{4}(n^{\alpha/2}+n^{-\alpha/2})^2$$

再取 $\alpha=1$,有

$$n^2 \leqslant \sum i \sum \frac{1}{i} \leqslant \frac{n}{4}(n+1)^2$$

⊙ 编辑手记

不论是自然界还是人类社会,等量关系是极少的,而不等量关系是大量的.也就是说相等是相对的,而不等则是绝对的,所以不等式语言也被广泛的应用于社会科学之中.如前西德著名核物理学家威廉·富克斯(Wilhem Fuchs)① 曾于1966年发表《强国的公式》一书,引起了世界上较大的反响.他根据数字与资料分析了世界的主要力量从西欧转移到美国和苏联的原因,及以后力量对比发展的趋势,指出下一个世纪中国作为一个大国可能超过上述两个大国.1978年3月底,他根据以上观

① 富克斯为亚亨技术大学和柏林技术大学物理学教授,亚亨技术大学第一物理学院院长兼实验物理学教授,曾任于利希核子物理研究所所长(1958—1970),亚亨技术大学校长(1950—1952),为技术研究学会名誉会员,莱茵威斯特华伦科学院院士,于利希核子研究设备名誉会员.著有气体电子学、物理学方面的著作和《从原子核中获得能量》(1944)、《强国的公式》(1966)、《按照艺术的一切规律》(1968)等书.

点以及对世界未来的预测发表了《明天的强国》一书(Mächte von Morgen. 副题书:力量范围、趋势、结论,由前西德斯图亚特德国出版社出版),进一步论证了下一个世纪将是中国的世纪的预测. 全书二十余万字,共分十二章(1. 导言;2. 实际力量对比的转移对东方和远东有利;3. 对预测学的一些解释;4. 人口众多国家的人口发展和 1975—2000 年地球上的人口;5 — 7. 1975—2000 年之间能量的消费,钢铁生产比率的转变,地球上强国关系).

根据我们的考虑和计算,自第二次世界大战结束以来,美国、苏联和中国的实际力量的对比发展到下一个世纪的情况如下表:

A) 美国 ＞ 苏联 ＋ 中国;苏联 ＞ 中国
B) 美国 ≈ 苏联 ＞ 中国
C) 美国 ≈ 苏联 ≈ 中国
D) 中国 ＞ 苏联 ≈ 美国
E) 中国 ＞ 苏联 ＋ 美国

符号说明:＞ 力量大于
≈ 力量大约相等于
＋ 力量加在一起

读者可能对上表 D 和 E 项有不同意见或完全反对,那么对下表的 F 和 G 的现实情况任何人也不能怀疑:

F) 人口(中国) ＞ 人口(美国) ＋ 人口(苏联)
再过不了几年可能达到:
G) 人口(中国) ＞ 2·[人口(美国) ＋ 人口(苏联)]

符号说明:＞ 人口多于

其实,相比简单的使用不等符号,更为复杂的应用是不等式思想的广泛应用.比如在法学中,以往在我们的观念中,法律问题属于道德和正义范畴.一是一,二是二,不容置疑.但数学家介入后却变得一切皆源于算,一切好商量.将严肃的法律问题转化成为了一个复杂而又有趣的比较大小问题.这也是数学对法学的一个入侵.

美国的托德·布赫霍尔茨曾写过一篇文章介绍这个方面的发展.当有人在超市地板上因香蕉皮而滑倒时,律师就希望以过失为由打官司."超市不应当将香蕉皮扔在地板上",一个穿花呢服的诉讼律师会如此争辩,并很有可能会打赢官司.

是不是总要有人或者企业,对发生在其经营场所的每一个事故负法律责任呢?我们试看另外一个例子.

一场风暴毁坏了船只,把米诺号船上的乘客和船长留在了有很多棕榈树的荒岛上.虽然只有两个人生活在该岛上,但他们却与200只猴子共同分享着这个岛屿.这202个"居民"生产香蕉利口酒,用来出口.猴子负责剥香蕉皮并榨取香蕉汁.在加工过程中,猴子将香蕉皮扔得满岛都是.假定盖里甘在岛上四处闲逛,并且踩到香蕉皮滑倒了,这个香蕉酒厂有过失吗?大多数法庭都会说没有.

超市和荒岛的主要区别在哪里?首先,一个人走过超市中水果区过道的可能性大,而一个船难幸存者在岛上到处转悠的机会小.其次,监控超市的成本低,而监控岛上猴子的成本高.

利用这些概念,在1947年的一个案子中,勒尼德·汉德法官针对过失赔偿法提出了一个精彩的经济学分析方法.

汉德法官确认了三个关键因素:受伤的可能性(P)、伤害或损失的程度(L)和预防意外事故的成本(C).根据汉德法官的说法,如果受害者可能受到的伤害大于避免此类事故的成本,则有人存在过失.用代数式来表示的话,如果 $P \times L > C$,则被告有过失.

在超市里,有人踩到地板上的香蕉皮滑倒的可能性大,比如说 20%.这个人伤势严重,比如说医药费、误工费和生活不便带来的损失共计 20 000 美元.那么,$P \times L = 4\,000$ 美元.如果超市以低于 4 000 美元的成本就可以防止此类事故的发生,则超市有过失.一个管货品陈列的小伙子手中的一把价值 3 美元的扫帚就能完成这个任务.

在温和怡人的荒岛上,一个遇到海难幸存的闲逛之人踩到香蕉皮滑倒的可能性不大,或许只有 1%.即使伤害造成的损失为 20 000 美元,则可能的损失或预期损失只有 200 美元($0.01 \times 20\,000 = 200$).如果利口酒生产商花费不到 200 美元就能防止事故的发生,他们才算有过失.当然,他们可以采用在整个岛上筑篱笆、安放警告标识和架设安全监控设备来预防事故的发生.但这样做,成本很高.而且,猴子可能会因为篱笆而伤到自己.

按照汉德法官的意见,生产商不应该在防止一个极不可能发生的事故上浪费钱.如果法官宣布他们有过失,他就是在鼓励他们浪费有价值的资源.

为了让社会福利最大化,只有当边际收益超过边际成本时,法庭才应鼓励人们在安全保障上投资.

我们可以试着避免所有意外事故.如我们可以把

自己包裹在泡沫里,从不离开家门,或者从不点燃炉灶.但我们中多数人同意冒一点风险.汉德法官帮助我们认识到风险何时高得离谱,或何时低得无关紧要.

在听从汉德法官意见之后的50年里,律师和经济学家改进了他们那个原始的公式.尽管如此,那个最初的公式仍然正确地传达着现代过失赔偿法的立法精神.

康托洛维奇首先是一位职业数学家.中国读者对他的熟知最早是通过他的那部名著《半序空间泛函分析》(上、下卷)(有中译本,是由胡金昌、卢文和郑曾同译的,1958年出版.近60年过去了,本工作室有意将其再版).这本书是1950年在前苏联出版的.是世界上第一本叙述线性半序空间及其中的算子理论的专著.这本书原有三位作者,他们都是前苏联著名数学家菲赫金哥尔茨的学生.其他两位不为大众所知,原因是他们的工作只有数学圈里的人才感兴趣.而康托洛维奇就不一样了,他曾获得过诺贝尔经济学奖.经济学是数学应用的一个成功典范.康托洛维奇的成功让人们将数学的边界无限扩大.比如清华博士生王召健就用数学语言搭建了一个谈恋爱的目标函数:假设 a 为男生,b 为女生.a 在 t_1 时间段喜欢 b,b 在 T_1 时间段喜欢 a.若 $t_1 \cap T_1 \neq \phi$(t_1 交 T_1 不为空集),则 a 和 b 可能发展成为男女朋友,反之则不能.其实这个公式的意思是:在对的时间和对的地点遇见对的人.

将一切都数学化和将一切都经济化是现代社会的一种倾向.适度则有益,极端则会导致灾难.

从学术研究角度看,现代的物理学、经济学、生物学、金融学都过于数学化了,甚至这些学科的顶尖杂志非职业数学家很难看懂,因为数学工具用得太高深了.

而在社会生活层面,感到不幸福的人越来越多的一个原因是,与资本合谋的工具技术理性将智慧工具化,其目的是与机器化大生产相配合,使复杂事物简单化,使多样形态标准化,其在意识形态上的反映就是使实证和数学式的精确化成为“魔鬼之床”(西方神话中有一张魔鬼之床,每一个人都要被放到床上量一量,比床长的要截短,比床短的要被抻长).在现实中人被“表格化”、“零件化”和“器官化”就是这种思维统治现实的表现.对此,一百多年前的马克思就已经有了深刻地描述:“随着劳动过程本身的协作性质的发展,生产劳动和它的承担者,即生产工人的概念也就必然扩大,为了从事生产劳动;现在不一定要亲自动手,只要成为总体工人的一个器官,完成他所需要的某一种职能就够了”.“不仅各种局部劳动分配给不同的个体,而且个体本身也被分割开来,成为某种局部劳动的自动工具”.“工厂手工业把工人变成畸形物,它压抑了工人的多种多样的生产志趣和生产才能,人为地培植工人片面的技巧”.

托克维尔说过:“如果我们追问美国人的民族性,我们会发现,美国人探寻这个世界上的每个事物的价值,只为回答一个简单的问题:能挣多少钱?”托克维尔认为,这是一种殚精竭虑的生活,人们追逐着一种永远躲避他们的成功.他们的目标是一种捉摸不定的物质成就:在最短的时间中获取最大的回报.他们是一群动荡的灵魂;在他们的生活中充斥着无休止的贪婪.他的结论是:“据我所知,美国可能是最没有独立心灵和自由言论的国家”.“可以说,美国心灵的风格和模式全都是一样的，他们模仿得如此精确”.

还是要像中国人那样的思维：不要那么多，只要一点点！

刘培杰
2014年3月18日
于哈工大

哈尔滨工业大学出版社刘培杰数学工作室已出版(即将出版)图书目录

书　名	出版时间	定　价	编号
新编中学数学解题方法全书(高中版)上卷	2007—09	38.00	7
新编中学数学解题方法全书(高中版)中卷	2007—09	48.00	8
新编中学数学解题方法全书(高中版)下卷(一)	2007—09	42.00	17
新编中学数学解题方法全书(高中版)下卷(二)	2007—09	38.00	18
新编中学数学解题方法全书(高中版)下卷(三)	2010—06	58.00	73
新编中学数学解题方法全书(初中版)上卷	2008—01	28.00	29
新编中学数学解题方法全书(初中版)中卷	2010—07	38.00	75
新编中学数学解题方法全书(高考复习卷)	2010—01	48.00	67
新编中学数学解题方法全书(高考真题卷)	2010—01	38.00	62
新编中学数学解题方法全书(高考精华卷)	2011—03	68.00	118
新编平面解析几何解题方法全书(专题讲座卷)	2010—01	18.00	61
新编中学数学解题方法全书(自主招生卷)	2013—08	88.00	261

数学眼光透视	2008—01	38.00	24
数学思想领悟	2008—01	38.00	25
数学应用展观	2008—01	38.00	26
数学建模导引	2008—01	28.00	23
数学方法溯源	2008—01	38.00	27
数学史话览胜	2008—01	28.00	28
数学思维技术	2013—09	38.00	260

从毕达哥拉斯到怀尔斯	2007—10	48.00	9
从迪利克雷到维斯卡尔迪	2008—01	48.00	21
从哥德巴赫到陈景润	2008—05	98.00	35
从庞加莱到佩雷尔曼	2011—08	138.00	136

数学解题中的物理方法	2011—06	28.00	114
数学解题的特殊方法	2011—06	48.00	115
中学数学计算技巧	2012—01	48.00	116
中学数学证明方法	2012—01	58.00	117
数学趣题巧解	2012—03	28.00	128
三角形中的角格点问题	2013—01	88.00	207
含参数的方程和不等式	2012—09	28.00	213

哈尔滨工业大学出版社刘培杰数学工作室已出版(即将出版)图书目录

书　　名	出版时间	定　价	编号
数学奥林匹克与数学文化(第一辑)	2006-05	48.00	4
数学奥林匹克与数学文化(第二辑)(竞赛卷)	2008-01	48.00	19
数学奥林匹克与数学文化(第二辑)(文化卷)	2008-07	58.00	34
数学奥林匹克与数学文化(第三辑)(竞赛卷)	2010-01	48.00	59
数学奥林匹克与数学文化(第四辑)(竞赛卷)	2011-08	58.00	87

发展空间想象力	2010-01	38.00	57
走向国际数学奥林匹克的平面几何试题诠释(上、下)(第1版)	2007-01	68.00	11,12
走向国际数学奥林匹克的平面几何试题诠释(上、下)(第2版)	2010-02	98.00	63,64
平面几何证明方法全书	2007-08	35.00	1
平面几何证明方法全书习题解答(第1版)	2005-10	18.00	2
平面几何证明方法全书习题解答(第2版)	2006-12	18.00	10
平面几何天天练上卷·基础篇(直线型)	2013-01	58.00	208
平面几何天天练中卷·基础篇(涉及圆)	2013-01	28.00	234
平面几何天天练下卷·提高篇	2013-01	58.00	237
平面几何专题研究	2013-07	98.00	258
最新世界各国数学奥林匹克中的平面几何试题	2007-09	38.00	14
数学竞赛平面几何典型题及新颖解	2010-07	48.00	74
初等数学复习及研究(平面几何)	2008-09	58.00	38
初等数学复习及研究(立体几何)	2010-06	38.00	71
初等数学复习及研究(平面几何)习题解答	2009-01	48.00	42
世界著名平面几何经典著作钩沉——几何作图专题卷(上)	2009-06	48.00	49
世界著名平面几何经典著作钩沉——几何作图专题卷(下)	2011-01	88.00	80
世界著名平面几何经典著作钩沉(民国平面几何老课本)	2011-03	38.00	113
世界著名解析几何经典著作钩沉——平面解析几何卷	2014-01	38.00	273
世界著名数论经典著作钩沉(算术卷)	2012-01	28.00	125
世界著名数学经典著作钩沉——立体几何卷	2011-02	28.00	88
世界著名三角学经典著作钩沉(平面三角卷Ⅰ)	2010-06	28.00	69
世界著名三角学经典著作钩沉(平面三角卷Ⅱ)	2011-01	28.00	78
世界著名初等数论经典著作钩沉(理论和实用算术卷)	2011-07	38.00	126
几何学教程(平面几何卷)	2011-03	68.00	90
几何学教程(立体几何卷)	2011-07	68.00	130
几何变换与几何证题	2010-06	88.00	70
计算方法与几何证题	2011-06	28.00	129
立体几何技巧与方法	2014-01		293
几何瑰宝——平面几何500名题暨1000条定理(上、下)	2010-07	138.00	76,77
三角形的解法与应用	2012-07	18.00	183
近代的三角形几何学	2012-07	48.00	184
一般折线几何学	即将出版	58.00	203
三角形的五心	2009-06	28.00	51
三角形趣谈	2012-08	28.00	212
解三角形	2014-01	28.00	265
圆锥曲线习题集(上)	2013-06	68.00	255

哈尔滨工业大学出版社刘培杰数学工作室已出版(即将出版)图书目录

书　　名	出版时间	定　价	编号
俄罗斯平面几何问题集	2009－08	88.00	55
俄罗斯立体几何问题集	2014－01		283
俄罗斯几何大师——沙雷金论数学及其他	2014－01	48.00	271
来自俄罗斯的 5000 道几何习题及解答	2011－03	58.00	89
俄罗斯初等数学问题集	2012－05	38.00	177
俄罗斯函数问题集	2011－03	38.00	103
俄罗斯组合分析问题集	2011－01	48.00	79
俄罗斯初等数学万题选——三角卷	2012－11	38.00	222
俄罗斯初等数学万题选——代数卷	2013－08	68.00	225
俄罗斯初等数学万题选——几何卷	2014－01	68.00	226
463 个俄罗斯几何老问题	2012－01	28.00	152
近代欧氏几何学	2012－03	48.00	162
罗巴切夫斯基几何学及几何基础概要	2012－07	28.00	188

超越吉米多维奇——数列的极限	2009－11	48.00	58
Barban Davenport Halberstam 均值和	2009－01	40.00	33
初等数论难题集(第一卷)	2009－05	68.00	44
初等数论难题集(第二卷)(上、下)	2011－02	128.00	82,83
谈谈素数	2011－03	18.00	91
平方和	2011－03	18.00	92
数论概貌	2011－03	18.00	93
代数数论(第二版)	2013－08	58.00	94
代数多项式	2014－01		289
初等数论的知识与问题	2011－02	28.00	95
超越数论基础	2011－03	28.00	96
数论初等教程	2011－03	28.00	97
数论基础	2011－03	18.00	98
数论基础与维诺格拉多夫	2014－01		292
解析数论基础	2012－08	28.00	216
解析数论基础(第二版)	2014－01	48.00	287
数论入门	2011－03	38.00	99
数论开篇	2012－07	28.00	194
解析数论引论	2011－03	48.00	100
复变函数引论	2013－10	68.00	269
无穷分析引论(上)	2013－04	88.00	247
无穷分析引论(下)	2013－04	98.00	245

哈尔滨工业大学出版社刘培杰数学工作室已出版(即将出版)图书目录

书　　名	出版时间	定　价	编号
数学分析中的一个新方法及其应用	2013-01	38.00	231
数学分析例选:通过范例学技巧	2013-01	88.00	243
三角级数论(上册)(陈建功)	2013-01	38.00	232
三角级数论(下册)(陈建功)	2013-01	48.00	233
三角级数论(哈代)	2013-06	48.00	254
基础数论	2011-03	28.00	101
超越数	2011-03	18.00	109
三角和方法	2011-03	18.00	112
谈谈不定方程	2011-05	28.00	119
整数论	2011-05	38.00	120
随机过程(Ⅰ)	2014-01	78.00	224
随机过程(Ⅱ)	2014-01	68.00	235
整数的性质	2012-11	38.00	192
初等数论 100 例	2011-05	18.00	122
初等数论经典例题	2012-07	18.00	204
最新世界各国数学奥林匹克中的初等数论试题(上、下)	2012-01	138.00	144,145
算术探索	2011-12	158.00	148
初等数论(Ⅰ)	2012-01	18.00	156
初等数论(Ⅱ)	2012-01	18.00	157
初等数论(Ⅲ)	2012-01	28.00	158
组合数学浅谈	2012-03	28.00	159
同余理论	2012-05	38.00	163
丢番图方程引论	2012-03	48.00	172
平面几何与数论中未解决的新老问题	2013-01	68.00	229

历届美国中学生数学竞赛试题及解答(第一卷)1950-1954	2014-01		277
历届美国中学生数学竞赛试题及解答(第二卷)1955-1959	2014-01		278
历届美国中学生数学竞赛试题及解答(第三卷)1960-1964	2014-01		279
历届美国中学生数学竞赛试题及解答(第四卷)1965-1969	2014-01		280
历届美国中学生数学竞赛试题及解答(第五卷)1970-1972	2014-01		281

哈尔滨工业大学出版社刘培杰数学工作室已出版(即将出版)图书目录

书　名	出版时间	定　价	编号
历届 IMO 试题集(1959—2005)	2006—05	58.00	5
历届 CMO 试题集	2008—09	28.00	40
历届加拿大数学奥林匹克试题集	2012—08	38.00	215
历届美国数学奥林匹克试题集:多解推广加强	2012—08	38.00	209
历届国际大学生数学竞赛试题集(1994—2010)	2012—01	28.00	143
全国大学生数学夏令营数学竞赛试题及解答	2007—03	28.00	15
全国大学生数学竞赛辅导教程	2012—07	28.00	189
历届美国大学生数学竞赛试题集	2009—03	88.00	43
前苏联大学生数学奥林匹克竞赛题解(上编)	2012—04	28.00	169
前苏联大学生数学奥林匹克竞赛题解(下编)	2012—04	38.00	170
历届美国数学邀请赛试题集	2014—01	48.00	270

整函数	2012—08	18.00	161
多项式和无理数	2008—01	68.00	22
模糊数据统计学	2008—03	48.00	31
模糊分析学与特殊泛函空间	2013—01	68.00	241
受控理论与解析不等式	2012—05	78.00	165
解析不等式新论	2009—06	68.00	48
反问题的计算方法及应用	2011—11	28.00	147
建立不等式的方法	2011—03	98.00	104
数学奥林匹克不等式研究	2009—08	68.00	56
不等式研究(第二辑)	2012—02	68.00	153
初等数学研究(Ⅰ)	2008—09	68.00	37
初等数学研究(Ⅱ)(上、下)	2009—05	118.00	46,47
中国初等数学研究　2009 卷(第 1 辑)	2009—05	20.00	45
中国初等数学研究　2010 卷(第 2 辑)	2010—05	30.00	68
中国初等数学研究　2011 卷(第 3 辑)	2011—07	60.00	127
中国初等数学研究　2012 卷(第 4 辑)	2012—07	48.00	190
中国初等数学研究　2013 卷(第 5 辑)	2014—01		288
数阵及其应用	2012—02	28.00	164
绝对值方程—折边与组合图形的解析研究	2012—07	48.00	186
不等式的秘密(第一卷)	2012—02	28.00	154
不等式的秘密(第一卷)(第 2 版)	2014—01		286
不等式的秘密(第二卷)	2014—01	38.00	268

哈尔滨工业大学出版社刘培杰数学工作室已出版(即将出版)图书目录

书　　名	出版时间	定　价	编号
初等不等式的证明方法	2010—06	38.00	123
数学奥林匹克问题集	2014—01	38.00	267
数学奥林匹克不等式散论	2010—06	38.00	124
数学奥林匹克不等式欣赏	2011—09	38.00	138
数学奥林匹克超级题库(初中卷上)	2010—01	58.00	66
数学奥林匹克不等式证明方法和技巧(上、下)	2011—08	158.00	134,135
近代拓扑学研究	2013—04	38.00	239
新编640个世界著名数学智力趣题	2014—01	88.00	242
500个最新世界著名数学智力趣题	2008—06	48.00	3
400个最新世界著名数学最值问题	2008—09	48.00	36
500个世界著名数学征解问题	2009—06	48.00	52
400个中国最佳初等数学征解老问题	2010—01	48.00	60
500个俄罗斯数学经典老题	2011—01	28.00	81
1000个国外中学物理好题	2012—04	48.00	174
300个日本高考数学题	2012—05	38.00	142
500个前苏联早期高考数学试题及解答	2012—05	28.00	185
546个早期俄罗斯大学生数学竞赛题	2014—01		285
博弈论精粹	2008—03	58.00	30
数学 我爱你	2008—01	28.00	20
精神的圣徒　别样的人生——60位中国数学家成长的历程	2008—09	48.00	39
数学史概论	2009—06	78.00	50
数学史概论(精装)	2013—03	158.00	272
斐波那契数列	2010—02	28.00	65
数学拼盘和斐波那契魔方	2010—07	38.00	72
斐波那契数列欣赏	2011—01	28.00	160
数学的创造	2011—02	48.00	85
数学中的美	2011—02	38.00	84
王连笑教你怎样学数学——高考选择题解题策略与客观题实用训练	2014—01	48.00	262
最新全国及各省市高考数学试卷解法研究及点拨评析	2009—02	38.00	41
高考数学的理论与实践	2009—08	38.00	53
中考数学专题总复习	2007—04	28.00	6
向量法巧解数学高考题	2009—08	28.00	54
高考数学核心题型解题方法与技巧	2010—01	28.00	86
数学解题——靠数学思想给力(上)	2011—07	38.00	131
数学解题——靠数学思想给力(中)	2011—07	48.00	132
数学解题——靠数学思想给力(下)	2011—07	38.00	133
我怎样解题	2013—01	48.00	227

哈尔滨工业大学出版社刘培杰数学工作室
已出版(即将出版)图书目录

书　　名	出版时间	定　价	编号
2011 年全国及各省市高考数学试题审题要津与解法研究	2011－10	48.00	139
2013 年全国及各省市高考数学试题分章解析与点评	2014－01		282
新课标高考数学——五年试题分章详解(2007～2011)(上、下)	2011－10	78.00	140,141
30 分钟拿下高考数学选择题、填空题	2012－01	48.00	146
全国中考数学压轴题审题要津与解法研究	2013－04	78.00	248
高考数学压轴题解题诀窍(上)	2012－02	78.00	166
高考数学压轴题解题诀窍(下)	2012－03	28.00	167

格点和面积	2012－07	18.00	191
射影几何趣谈	2012－04	28.00	175
斯潘纳尔引理——从一道加拿大数学奥林匹克试题谈起	2014－01	18.00	228
李普希兹条件——从几道近年高考数学试题谈起	2012－10	18.00	221
拉格朗日中值定理——从一道北京高考试题的解法谈起	2012－10	18.00	197
闵科夫斯基定理——从一道清华大学自主招生试题谈起	2014－01	28.00	198
哈尔测度——从一道冬令营试题的背景谈起	2012－08	28.00	202
切比雪夫逼近问题——从一道中国台北数学奥林匹克试题谈起	2013－04	38.00	238
伯恩斯坦多项式与贝齐尔曲面——从一道全国高中数学联赛试题谈起	2013－03	38.00	236
卡塔兰猜想——从一道普特南竞赛试题谈起	2013－06	18.00	256
麦卡锡函数和阿克曼函数——从一道前南斯拉夫数学奥林匹克试题谈起	2012－08	18.00	201
贝蒂定理与拉姆贝克莫斯尔定理——从一个拣石子游戏谈起	2012－08	18.00	217
皮亚诺曲线和豪斯道夫分球定理——从无限集谈起	2012－08	18.00	211
平面凸图形与凸多面体	2012－10	28.00	218
斯坦因豪斯问题——从一道二十五省市自治区中学数学竞赛试题谈起	2012－07	18.00	196
纽结理论中的亚历山大多项式与琼斯多项式——从一道北京市高一数学竞赛试题谈起	2012－07	28.00	195
原则与策略——从波利亚“解题表”谈起	2013－04	38.00	244
转化与化归——从三大尺规作图不能问题谈起	2012－08	28.00	214
代数几何中的贝祖定理(第二版)——从一道 IMO 试题的解法谈起	2013－08	38.00	193
成功连贯理论与约当块理论——从一道比利时数学竞赛试题谈起	2012－04	18.00	180
磨光变换与范·德·瓦尔登猜想——从一道环球城市竞赛试题谈起	即将出版		
素数判定与大数分解	即将出版	18.00	199
置换多项式及其应用	2012－10	18.00	220
椭圆函数与模函数——从一道美国加州大学洛杉矶分校(UCLA)博士资格考题谈起	2012－10	38.00	219
差分方程的拉格朗日方法——从一道 2011 年全国高考理科试题的解法谈起	2012－08	28.00	200

哈尔滨工业大学出版社刘培杰数学工作室已出版(即将出版)图书目录

书　　名	出版时间	定　价	编号
力学在几何中的一些应用	2013－01	38.00	240
高斯散度定理、斯托克斯定理和平面格林定理——从一道国际大学生数学竞赛试题谈起	即将出版		
康托洛维奇不等式——从一道全国高中联赛试题谈起	即将出版		
西格尔引理——从一道第 18 届 IMO 试题的解法谈起	即将出版		
罗斯定理——从一道前苏联数学竞赛试题谈起	即将出版		
拉克斯定理和阿廷定理——从一道 IMO 试题的解法谈起	2014－01	58.00	246
毕卡大定理——从一道美国大学数学竞赛试题谈起	即将出版		
贝齐尔曲线——从一道全国高中联赛试题谈起	即将出版		
拉格朗日乘子定理——从一道 2005 年全国高中联赛试题谈起	即将出版		
雅可比定理——从一道日本数学奥林匹克试题谈起	2013－04	48.00	249
李天岩－约克定理——从一道波兰数学竞赛试题谈起	即将出版		
整系数多项式因式分解的一般方法——从克朗耐克算法谈起	即将出版		
布劳维不动点定理——从一道前苏联数学奥林匹克试题谈起	2014－01	38.00	273
压缩不动点定理——从一道高考数学试题的解法谈起	即将出版		
伯恩赛德定理——从一道英国数学奥林匹克试题谈起	即将出版		
布查特－莫斯特定理——从一道上海市初中竞赛试题谈起	即将出版		
数论中的同余数问题——从一道普特南竞赛试题谈起	即将出版		
范·德蒙行列式——从一道美国数学奥林匹克试题谈起	即将出版		
中国剩余定理——从一道美国数学奥林匹克试题的解法谈起	即将出版		
牛顿程序与方程求根——从一道全国高考试题解法谈起	即将出版		
库默尔定理——从一道 IMO 预选试题谈起	即将出版		
卢丁定理——从一道冬令营试题的解法谈起	即将出版		
沃斯滕霍姆定理——从一道 IMO 预选试题谈起	即将出版		
卡尔松不等式——从一道莫斯科数学奥林匹克试题谈起	即将出版		
信息论中的香农熵——从一道近年高考压轴题谈起	即将出版		
约当不等式——从一道希望杯竞赛试题谈起	即将出版		
拉比诺维奇定理	即将出版		
刘维尔定理——从一道《美国数学月刊》征解问题的解法谈起	即将出版		
卡塔兰恒等式与级数求和——从一道 IMO 试题的解法谈起	即将出版		
勒让德猜想与素数分布——从一道爱尔兰竞赛试题谈起	即将出版		
天平称重与信息论——从一道基辅市数学奥林匹克试题谈起	即将出版		

哈尔滨工业大学出版社刘培杰数学工作室已出版(即将出版)图书目录

书　　名	出版时间	定　价	编号
艾思特曼定理——从一道CMO试题的解法谈起	即将出版		
一个爱尔特希问题——从一道西德数学奥林匹克试题谈起	即将出版		
有限群中的爱丁格尔问题——从一道北京市初中二年级数学竞赛试题谈起	即将出版		
贝克码与编码理论——从一道全国高中联赛试题谈起	即将出版		
帕斯卡三角形——从一道莫斯科数学奥林匹克试题谈起	2014-01		294
蒲丰投针问题——从2009年清华大学的一道自主招生试题谈起	2014-01	38.00	295
斯图姆定理——从一道“华约”自主招生试题的解法谈起	2014-01		296
许瓦兹引理——从一道加利福尼亚大学伯克利分校数学系博士生试题谈起	2014-01		297
拉格朗日中值定理——从一道北京高考试题的解法谈起	2014-01		298
拉姆塞定理——从王诗宬院士的一个问题谈起	2014-01		299
中等数学英语阅读文选	2006-12	38.00	13
统计学专业英语	2007-03	28.00	16
统计学专业英语(第二版)	2012-07	48.00	176
幻方和魔方(第一卷)	2012-05	68.00	173
尘封的经典——初等数学经典文献选读(第一卷)	2012-07	48.00	205
尘封的经典——初等数学经典文献选读(第二卷)	2012-07	38.00	206
实变函数论	2012-06	78.00	181
非光滑优化及其变分分析	2014-01	48.00	230
疏散的马尔科夫链	2014-01	58.00	266
初等微分拓扑学	2012-07	18.00	182
方程式论	2011-03	38.00	105
初级方程式论	2011-03	28.00	106
Galois 理论	2011-03	18.00	107
古典数学难题与伽罗瓦理论	2012-11	58.00	223
伽罗华与群论	2014-01		290
代数方程的根式解及伽罗瓦理论	2011-03	28.00	108
线性偏微分方程讲义	2011-03	18.00	110
N 体问题的周期解	2011-03	28.00	111
代数方程式论	2011-05	28.00	121
动力系统的不变量与函数方程	2011-07	48.00	137
基于短语评价的翻译知识获取	2012-02	48.00	168
应用随机过程	2012-04	48.00	187
矩阵论(上)	2013-06	58.00	250
矩阵论(下)	2013-06	48.00	251
抽象代数:方法导引	2013-06	38.00	257

哈尔滨工业大学出版社刘培杰数学工作室已出版(即将出版)图书目录

书　　名	出版时间	定　价	编号
闵嗣鹤文集	2011—03	98.00	102
吴从炘数学活动三十年(1951～1980)	2010—07	99.00	32
吴振奎高等数学解题真经(概率统计卷)	2012—01	38.00	149
吴振奎高等数学解题真经(微积分卷)	2012—01	68.00	150
吴振奎高等数学解题真经(线性代数卷)	2012—01	58.00	151
高等数学解题全攻略(上卷)	2013—06	58.00	252
高等数学解题全攻略(下卷)	2013—06	58.00	253
高等数学复习纲要	2014—01	18.00	384
钱昌本教你快乐学数学(上)	2011—12	48.00	155
钱昌本教你快乐学数学(下)	2012—03	58.00	171
数贝偶拾——高考数学题研究	2014—01	28.00	274
数贝偶拾——初等数学研究	2014—01	38.00	275
数贝偶拾——奥数题研究	2014—01	48.00	276
集合、函数与方程	2014—01	28.00	300
数列与不等式	2014—01	38.00	301
三角与平面向量	2014—01	28.00	302
平面解析几何	2014—01	38.00	303
立体几何与组合	2014—01	28.00	304
极限与导数、数学归纳法	2014—01	38.00	305
趣味数学	即将出版		306
教材教法	即将出版		307
自主招生	即将出版		308
高考压轴题(上)	即将出版		309
高考压轴题(下)	即将出版		310
从费马到怀尔斯——费马大定理的历史	2013—10	198.00	Ⅰ
从庞加莱到佩雷尔曼——庞加莱猜想的历史	2013—10	298.00	Ⅱ
从切比雪夫到爱尔特希——素数定理的历史	2013—10	48.00	Ⅲ
从高斯到盖尔方特——虚二次域的高斯猜想	2013—10	198.00	Ⅳ
从库默尔到朗兰兹——朗兰兹猜想的历史	2014—01	98.00	Ⅴ
从比勃巴赫到德布朗斯——比勃巴赫猜想的历史	2014—02		Ⅵ
从麦比乌斯到陈省身——麦比乌斯变换与麦比乌斯带	2014—02		Ⅶ
从布尔到豪斯道夫——布尔方程与格论漫谈	2013—10	98.00	Ⅷ
从开普勒到阿诺德——三体问题的历史	2014—05		Ⅸ
从华林到华罗庚——华林问题的历史	2013—10	298.00	Ⅹ

哈尔滨工业大学出版社刘培杰数学工作室已出版(即将出版)图书目录

书　　名	出版时间	定　价	编号
三角函数	2014-01	38.00	311
不等式	2014-01	28.00	312
方程	2014-01	28.00	313
数列	2014-01	38.00	314
排列和组合	2014-01	18	315
极限与导数	2014-01	18	316
向量	2014-01	18	317
复数及其应用	2014-01	28	318
函数	2014-01	38	319
集合	即将出版		320
直线与平面	2014-01	28.00	321
立体几何	2014-01	28.00	322
解三角形	即将出版		323
直线与圆	2014-01	28	324
圆锥曲线	2014-01	38	325
解题通法(一)	2014-01	38	326
解题通法(二)	2014-01	38	327
解题通法(三)	2014-01	38	328
概率与统计	2014-01	18	329
信息迁移与算法	即将出版		330

联系地址:哈尔滨市南岗区复华四道街 10 号　**哈尔滨工业大学出版社刘培杰数学工作室**
网　　址:http://lpj.hit.edu.cn/
邮　　编:150006
联系电话:0451-86281378　　13904613167
E-mail:lpj1378@163.com